この一冊で全部わかる
クラウドの基本 [第2版]

林 雅之 著

イラスト図解式 わかりやすさにこだわった

SB Creative

本書に関するお問い合わせ

この度は小社書籍をご購入いただき誠にありがとうございます。小社では本書の内容に関するご質問を受け付けております。本書を読み進めていただきます中でご不明な箇所がございましたらお問い合わせください。なお、お問い合わせに関しましては以下のガイドラインを設けております。恐れ入りますが、ご質問の際は最初に下記ガイドラインをご確認ください。

ご質問の前に

小社Webサイトで「正誤表」をご確認ください。最新の正誤情報を下記のWebページに掲載しております。

本書サポートページ　https://isbn.sbcr.jp/99998/

上記ページのサポート情報にある「正誤情報」のリンクをクリックしてください。なお、正誤情報がない場合、リンクは用意されていません。

ご質問の際の注意点

- ご質問はメール、または郵便など、必ず文書にてお願いいたします。お電話では承っておりません。
- ご質問は本書の記述に関することのみとさせていただいております。従いまして、○○ページの○○行目というように記述箇所をはっきりお書き沿えください。記述箇所が明記されていない場合、ご質問を承れないことがございます。

ご質問送付先

ご質問については下記のいずれかの方法をご利用ください。

Webページより

上記のサポートページ内にある「お問い合わせ」をクリックし、ページ内の「書籍の内容について」をクリックすると、メールフォームが開きます。要綱に従ってご質問をご記入の上、送信してください。

郵送

郵送の場合は下記までお願いいたします。

〒105-0001
東京都港区虎ノ門2-2-1
SBクリエイティブ　読者サポート係

■本書内に記載されている会社名、商品名、製品名などは一般に各社の登録商標または商標です。本書中では®、™マークは明記しておりません。

■本書の出版にあたっては正確な記述に努めましたが、本書の内容に基づく運用結果について、著者およびSBクリエイティブ株式会社は一切の責任を負いかねますのでご了承ください。

©2019 Masayuki Hayashi
本書の内容は著作権法上の保護を受けています。著作権者・出版権者の文書による許諾を得ずに、本書の一部または全部を無断で複写・複製・転載することは禁じられております。

はじめに

　「クラウドコンピューティング」というキーワードが注目されるようになってから10年以上が経ち、ビジネスや生活においてすっかり欠かせない存在となりました。クラウドサービスの用途は、Webサービスのシステムから始まり、今では企業の情報システム、そして、IoT（Internet of Things）やAI（Artificial Intelligence：人工知能）といったデジタル技術の基盤まで、幅広いものとなっています。

　クラウドを採用するユーザー企業やクラウド関連の仕事にかかわる人も増え、技術書やビジネス書までクラウドを扱った多くの書籍を読むことができるようになっています。その一方で、新しくIT関係の仕事に就いたり、情報システム担当に配属されて、クラウドの基本から体系的に学びたいという人もいらっしゃることと思います。

　本書は、Chapter1「クラウドとは」、Chapter2「クラウドサービスとその利用」、Chapter3「クラウドサービスを実現する技術」、Chapter4「クラウド導入に向けて」、Chapter5「クラウドサービス事業者」、Chapter6「業種別・目的別クラウド活用例」から構成されています。クラウドの基本的な内容から始まって、ビジネスや技術、サービス、活用事例などを、イラスト図解を交えながら、幅広く、バランスよくまとめています。

　今回、第2版を発刊するにあたって、時代の変化に合わせて内容を追加・修正し、特にクラウドサービス事業者の記述を大幅に更新し、エッジコンピューティングなどの注目すべきテクノロジーの解説も盛り込みました。

　今後はデータ活用やデジタル化の流れがさらに加速し、さまざまな業種業界、さまざまな利用用途で、ますますクラウドサービスを採用する流れが進んでいくと考えられます。

　本書を通じてクラウドの基本的な内容を理解することが、自社の情報システムでのクラウドサービスの採用や、ビジネスへのクラウドサービスの積極的な活用など、多くの方々の手助けとなれば幸いです。

Chapter 1 クラウドとは

1-01 IT資産を自分で持たず、サービスとして利用する
クラウドコンピューティングとは……12

1-02 情報処理システムは絶えず変化している
クラウドが登場した背景……14

1-03 クラウドサービスの共通の特徴を確認しておこう
クラウドの定義と特徴……16

1-04 従来と比べてユーザーにとって何がよいのか
クラウドのメリット……18

1-05 ソフトウェアの機能をサービスとして利用
SaaSとは……20

1-06 アプリケーション開発・実行環境をサービスとして利用
PaaSとは……22

1-07 サーバー、ストレージなどをサービスとして利用
IaaSとは……24

1-08 利用形態の種類と呼び名を知っておこう
クラウドの利用モデル……26

1-09 自社で設備を持たない形態もある
プライベートクラウドの種類……28

1-10 クラウドが優位だが、多くの要因を考慮する必要がある
クラウドとオンプレミスのコストの比較……30

1-11 オンプレミスの自由度か、クラウドの容易さか
クラウドとオンプレミスの導入と拡張性の比較……32

1-12 リスクを知り、対策をとることも必要
クラウドの安全性と信頼性……34

1-13 サービス利用前によく確認しておく
クラウドサービスの責任分界点……36

1-14 IT活用にあたっての人材やコストの問題を解決できる
中小企業のクラウド導入……38

1-15	IT戦略において重要な役割を果たす **大企業のクラウド導入**	40
COLUMN	**クラウドサービスに障害や 不具合が発生したときの対応**	42

Chapter 2 クラウドのサービスとその利用

2-01	自由に選択し、組み合わせて利用する **クラウドの提供するさまざまなサービス**	44
2-02	作成も削除も手軽に行える **仮想サーバー**	46
2-03	高性能なシステムを簡単に構築できる **仮想サーバーで使えるオプション機能**	48
2-04	用途に応じていくつかの種類がある **クラウドのストレージサービス**	50
2-05	クラウド内の機能と、クラウドと外部の接続 **クラウドのネットワークサービス**	52
2-06	構築と運用の手間なく利用できる **クラウドのデータベースサービス**	54
2-07	クラウドへの移行の負担を抑える各種サービス **クラウドの基幹系システム向けサービス**	56
2-08	新しいサービスやビジネスモデルの創造に欠かせない **クラウドのデータ分析／IoTサービス**	58
2-09	幅広い産業分野で活用の期待がかかる **クラウドのAI／機械学習サービス**	60
2-10	オンプレミスシステムとは違う考え方が必要 **クラウドを利用したシステム構築**	62
COLUMN	**クラウド管理プラットフォーム**	64

CONTENTS

Chapter 3 クラウドを実現する技術

3-01 技術を知ることでサービスを深く理解できる
クラウドを実現する技術 …………………………… 66

3-02 物理サーバーのリソースを論理的に分割して使う
サーバーの仮想化技術 ……………………………… 68

3-03 OS 上のアプリケーション実行領域を分割して使う
コンテナ技術 ………………………………………… 70

3-04 データを並列処理して処理速度を向上させる
分散処理技術 ………………………………………… 72

3-05 RDB と NoSQL、それぞれの特徴
データベース技術 …………………………………… 74

3-06 データを格納、アクセスする方式
ストレージ技術 ……………………………………… 76

3-07 独自の IaaS 環境を構築するためのソフトウェア
IaaS のためのオープンソースのクラウド技術 …… 78

3-08 独自の PaaS 環境を構築するためのソフトウェア
PaaS のためのオープンソースのクラウド技術 …… 80

3-09 柔軟な構成変更や安全な通信を実現する
ネットワークの仮想化技術 ………………………… 82

3-10 ソフトウェアからネットワークを制御する
SDN …………………………………………………… 84

3-11 末端でデータを処理し、クラウドの弱点を補う
エッジコンピューティング ………………………… 86

3-12 プライベートクラウドを構築するときの選択肢
ハイパーコンバージドインフラ …………………… 88

3-13 ディープラーニングで活躍する高速演算装置
GPU …………………………………………………… 90

3-14 安全な運用のためにさまざまな対策がなされている
データセンター ……………………………………… 92

3-15	クラウドのサービスを前提に構築するシステム **サーバーレスアーキテクチャー** ……………………… 94
COLUMN	**API** ………………………………………………………… 96

Chapter 4 クラウド導入に向けて

4-01	主に4つの観点から検討する **クラウド導入の目的を明確にする** ……………………… 98
4-02	計画からプロジェクトの管理まで主導する **クラウドの導入にあたっての推進体制** ………………… 100
4-03	技術からライセンスまで検討すべきことは多い **クラウドへの移行にあたっての課題を整理する** ……… 102
4-04	クラウド導入後の展開までを考えておく **導入から自社システム最適化までのロードマップ** …… 104
4-05	新ビジネス創出のための基盤の整備も視野に **クラウドで変わる情報システム部門の役割** …………… 106
4-06	クラウドへの対応度合いは3段階 **クラウドサービスに対応する各種アプリケーション** … 108
4-07	信頼性や実績、サービス内容などから検討する **クラウド事業者の選定のポイント** ……………………… 110
4-08	導入から運用まで、4つのサービスを提供している **クラウドインテグレーターへの依頼** …………………… 112
4-09	クラウド化の検討から移行を進めるステップ **オンプレミスシステムからクラウドへの移行** ………… 114
4-10	1つのクラウドですべてまかなえるとは限らない **クラウドを適材適所で使い分ける** ……………………… 116
4-11	複数のクラウド間で連携する **ハイブリッドクラウドの構成** …………………………… 118

CONTENTS

4-12	より進んだ連携を実現する **ハイブリッドクラウドのさまざまな連携**	120
4-13	クラウド管理プラットフォームを活用する **ハイブリッドクラウドにおける運用管理の一元化**	122
4-14	クラウドが現場にもたらす変化 **開発と運用の一体化（DevOps）**	124
COLUMN	デジタルトランスフォーメーションとは	126

Chapter 5 クラウドサービス事業者

5-01	国内外に多数の事業者がある **クラウドサービスを提供する事業者**	128
5-02	世界で最も多く利用されている **Amazon.com のクラウドサービス**	130
5-03	自社ソフトウェアを強みとし、ハイブリッドの利用も進む **マイクロソフトのクラウドサービス**	132
5-04	グーグルの高性能なインフラを低コストで利用できる **グーグルのクラウドサービス**	134
5-05	日本と中国のサーバー間をセキュアに通信できる **アリババのクラウドサービス**	136
5-06	豊富なサービスラインナップを提供する **IBM のクラウドサービス**	138
5-07	グローバル共通仕様でネットワークなどと組み合わせて提供 **NTT コミュニケーションズのクラウドサービス**	140
5-08	通信事業者ならではの高い通信品質が強み **KDDI のクラウドサービス**	142
5-09	VMware ベースの基盤と信頼性の高いネットワークを提供 **ソフトバンクのクラウドサービス**	144

5-10	ハイブリッドクラウドを想定した環境を提供 富士通グループのクラウドサービス …………… 146
5-11	多様なニーズやシステム要件に対応できる NECのクラウドサービス ………………………… 148
5-12	パブリックとプライベートの要素を併せ持つ インターネットイニシアティブ（IIJ）の クラウドサービス ………………………………… 150
5-13	スモールスタートでも導入しやすい IDCフロンティアのクラウドサービス ………… 152
5-14	シンプルな料金体系で低価格で利用できる さくらインターネットのクラウドサービス …… 154
5-15	パブリッククラウドとプライベートクラウドを低価格から提供 GMOクラウドのクラウドサービス ……………… 156
5-16	会計システムとパッケージ化されたサービスも提供 ビッグローブのクラウドサービス ……………… 158
COLUMN	その他の事業者のクラウドサービス／ クラウドソリューション ………………………… 160

Chapter 6　業種別・目的別クラウド活用例

6-01	活用の幅はどんどん広がっている クラウドサービスの利用パターン ……………… 162
6-02	クラウドサービスで安定した運用を実現 Webサイトにおけるクラウド活用 ……………… 164
6-03	ゲームがヒットするかどうかでリソースを調整 ソーシャルゲームにおけるクラウド活用 ……… 166
6-04	短期間の効率的な開発が可能となる アプリ開発／テスト環境におけるクラウド活用 …… 168
6-05	クラウドは事業を立ち上げるうえで有効なツール スタートアップ企業におけるクラウド活用 …… 170

CONTENTS

6-06 災害時でも迅速な業務の復旧を可能にする
BCP（事業継続計画）におけるクラウド活用 ……… 172

6-07 中堅中小企業でも導入が進む
**ERP（統合基幹業務システム）における
クラウド活用** …………………………………………… 174

6-08 システムの標準化や全体最適化に活用
製造業におけるクラウド活用 ………………………… 176

6-09 コスト削減や新たな行政サービス提供が期待される
自治体クラウド ………………………………………… 178

6-10 膨大なデータを収集し、分析処理する
ビッグデータ利用のためのクラウド活用 …………… 180

6-11 IoTの仕組みを支えるコンピューティングシステム
IoTにおけるクラウド活用 …………………………… 182

6-12 サービス基盤としてクラウドの活用が見込まれる
コネクテッドカー／自動運転車でのクラウド活用 … 184

COLUMN **政府情報システムの
「クラウド・バイ・デフォルト原則」** ………………… 186

Chapter

1

クラウドとは

この章では、「クラウドとはそもそも何なのか」「なぜシステム開発において重要となっているのか」など、基本中の基本の内容について解説します。また、クラウドは形態によっていろいろな呼び方があります。それについてもまとめて理解しましょう。

Chapter 1　IT資産を自分で持たず、サービスとして利用する

01 クラウドコンピューティングとは

　クラウドコンピューティング（以下、クラウド）とは、コンピューターによる情報処理を自分の手元のパソコンで行うのではなく、**インターネットの「向こう側」にある、クラウド事業者のコンピューターで行うサービス**のことです。これは考え方や概念を表す言葉であって、何か特定の技術を指すわけではないことに気をつけてください。

　クラウド（cloud）とは「雲」のことですが、これはネットワークやインターネットを図で表すときに雲の絵を描くことから来ていると言われています。ネットワークやインターネットは、その中身を知らなくても接続しさえすればサービスを利用できます。クラウドコンピューティングもそれと同様に、インターネットの「向こう側」がどうなっているかを知らなくても、サービスとして利用することができます。

　企業がクラウドを利用する場合、自社の情報を自社内に構築したシステムで処理するのではなく、**クラウド事業者のデータセンター内のシステム**で処理することになります。IT資産を「保有」するのではなく、サービスとして「利用」するモデルです。クラウドの利用者はインターネットにアクセスした後、Webブラウザやクラウドサービス専用ソフトウェアを立ち上げるなどしてサービスを利用します。

● クラウドは「銀行預金」のようなもの

　クラウドの概念は、銀行にたとえてみるとわかりやすくなります。**私たちは、金融資産の多くを当然のように金融機関に預金しています**。金融資産を自社の金庫に保管しているより安全で、しかも資産運用で利益を生み出すメリットもあります。金融資産は、世界中のATM（現金自動預け払い機）から必要なときに必要な金額を引き出すことができ、パソコンやスマートフォンからも簡単に振り込みなどの処理をすることができます。しかし、銀行が金融資産を管理しているセンターがどこにあるのか、どう処理されているのかといったことを意識することはほとんどないでしょう。

　金融機関に自社の金融資産を預けるのは当然と感じているように、**実績のあるクラウド事業者に自社の情報資産を預けて安全に運用してもらう**ことも増えていくことでしょう。

> **プラス1**　クラウドコンピューティングの利用形態は、銀行預金だけでなく、電力や水道などの社会インフラを必要なときに必要な分だけ利用することにもたとえられます。

イメージでつかもう！

● クラウドコンピューティングとは？

コンピューターやソフトウェアを自らが保有するのではなく、クラウド事業者のコンピューターやソフトウェアをネットワーク越しにサービスとして利用します。

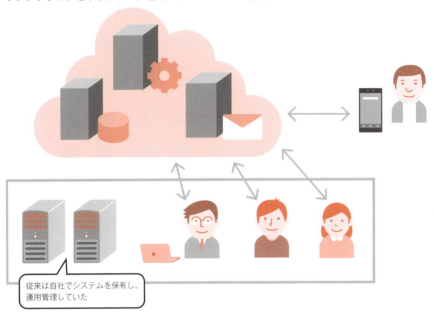

従来は自社でシステムを保有し、運用管理していた

● クラウドは「銀行預金」のようなもの

銀行預金の場合

金融資産を自分で保管するのではなく、金融機関に預ける。必要なときに世界中のATMから引き出せる。

金融機関

クラウドの場合

情報資産を自社に保管するのではなく、クラウド事業者に預ける。必要なときにネットワーク越しに利用できる。

クラウド事業者

関連用語　クラウド事業者 ▶▶▶ p.128　データセンター ▶▶▶ p.92

Chapter 1　情報処理システムは絶えず変化している

02 クラウドが登場した背景

● クラウドが登場するまでの流れ

　ITを活用した情報処理システムには、10年おきに大きな変化が訪れています。ここでクラウドが登場するまでの流れを見てみましょう。

　1980年代は**「メインフレーム」と呼ばれる大型汎用コンピューター**の時代で、アプリケーションもデータもすべてメインフレームに集中して処理させ、端末側では入力と出力表示機能のみをこなしていました。1990年代には、クライアント端末にも処理機能を持たせた、**分散型のクライアント・サーバーモデル**が主流となりました。2000年代に入ると、**社内システムがネットワーク上に構築される**ようになり、サーバーに処理が集中するようになりました。そして2010年ごろから、世界中に分散して配置されたサーバーのリソースを**必要なときに必要な分だけ利用するクラウドコンピューティング**のモデルが進展しています。

● クラウドが普及してきた背景

　クラウドコンピューティングが実現可能になり、普及してきた背景には、いくつかの要因があります。

　まず、さまざまな技術の進展が挙げられます。**CPUの処理の高速化**が進んだこと、**仮想化や分散処理**などの技術の進展、モバイルも含む**ネットワークの高速化と低価格化、データセンターの大規模化**による規模の経済（スケールメリット）などにより、クラウドが実現する環境が整いました。

　また、ユーザー企業側、クラウド事業者側のそれぞれに、クラウドを受け入れる環境が整ったことも挙げられます。ユーザー企業においては、**IT投資コストの削減**、柔軟なサービス設計や利用、構築・運用の負担軽減などが課題となっており、クラウドによってそれらを解決したいという期待があります。クラウド事業者にとっては、ユーザー企業がセルフサービスの形でコンピューティングリソースを利用できる環境を提供することで、サービス提供の効率性が向上します。また、**継続的に売上が獲得できる**ことで安定した収益源になるといったメリットがあります。

イメージでつかもう！

● 情報処理システムには10年おきに大きな変化が訪れている

CPUの処理能力の向上や、ネットワークの高速化と低価格化、仮想化や分散処理技術の進展、データセンターの大規模化によるスケールメリットなどにより、クラウドが普及する環境が整いました。

1980年　メインフレーム

アプリケーションもデータもすべてメインフレーム（大型汎用コンピューター）に集中して処理。端末は入力と出力表示機能のみ。

1990年　クライアント・サーバー

クライアント端末にも処理機能を搭載。集中から分散へ。

端末の高機能化

2000年　ネットワークコンピューティング

Webブラウザを利用したアプリケーションが社内イントラネット上に構築され、再びサーバーに処理が集中。

ネットワークの高速化

2010年　クラウドコンピューティング

自らサーバーを保有することなく、世界中に分散するサーバーのリソースをサービスとして利用するモデル。

・仮想化、分散処理技術の進展
・インターネットアクセスの高速化
・事業者側のスケールメリット

・ユーザー側のIT投資の削減
・システムの迅速で柔軟な構築・利用

関連用語　仮想化技術 ▶▶▶ p.66　データセンター ▶▶▶ p.92　分散処理技術 ▶▶▶ p.72

Chapter 1 クラウドサービスの共通の特徴を確認しておこう

03 クラウドの定義と特徴

　「クラウド」と一言でいっても、利用者に提供されるサービスの種類や利用形態はさまざまです。最初にクラウドを理解するにあたっては、**NIST（アメリカ国立標準技術研究所）** が定めたクラウドコンピューティングの定義が参考になるでしょう。

　クラウドコンピューティングは、共用の構成可能なコンピューティングリソース（ネットワーク、サーバー、ストレージ、アプリケーションサービス）の集積に、どこからでも、簡便に、必要に応じて、ネットワーク経由でアクセスすることを可能とするモデルであり、最小限の利用手続きまたはサービスプロバイダとのやり取りで速やかに割り当てられ提供されるものである。

(https://www.ipa.go.jp/files/000025366.pdf より引用)

　NIST では、一般的なクラウドの特徴として次の5つを挙げています。

1 オンデマンド・セルフサービス
　事業者と直接やり取りせず、**ユーザー個別の管理画面からサービスを利用**できる。

2 幅広いネットワークアクセス
　モバイル端末など**さまざまなデバイスからサービスにアクセス**できる。

3 リソースの共有
　事業者のコンピューティングリソースを**複数のユーザーが共有する形で利用**する。また、ユーザーは自分が利用しているリソースの正確な所在地を知ることはできない。

4 迅速な拡張性
　必要に応じて必要な分だけ**スケールアップ（処理能力を高めること）とスケールダウン（処理能力を下げること）** が行える。

5 計測可能なサービス
　利用した分だけ課金される**従量制**。

　こうした特徴に加え、クラウドは SaaS、PaaS、IaaS といったサービスモデルと、プライベートクラウド、パブリッククラウドといった利用モデルによって構成されます。それぞれの詳細は次項から解説していきます。

イメージでつかもう！

● 一般的なクラウドサービスの5つの特徴

クラウドにはさまざまなサービスモデルや利用モデルがあり、たくさんの事業者が存在します。しかしながら、ここで挙げる5つの特徴は共通しています。

3 複数ユーザーが同じコンピューティングリソースを共有で利用する。ユーザーごとにリソースは割り当てられるが、システム上のどこにアクセスしているのかを知ることはできない

2 モバイル端末などさまざまなデバイスからサービスにアクセスできる

1 事業者の人手を介さずに、ユーザーごとの管理画面からサービスを利用できる

4 必要に応じて必要なだけコンピューティングリソースを増強したり、縮退したりできる

5 サービスを利用した分だけ課金される

● クラウドのサービスモデルと利用モデル

クラウドのサービスモデル	クラウドの利用モデル
・SaaS (Software as a Service) ・PaaS (Platform as a Service) ・IaaS (Infrastructure as a Service)	・プライベートクラウド ・コミュニティクラウド ・パブリッククラウド ・ハイブリッドクラウド

 クラウドサービスは、パブリッククラウド型のSaaS、パブリッククラウド型のPaaS、プライベートクラウド型のPaaSといった具合に、サービスモデルと利用モデルの組み合わせで分類できます。

関連用語 IaaS ▶▶▶ p.24 PaaS ▶▶▶ p.22 SaaS ▶▶▶ p.20 コミュニティクラウド ▶▶▶ p.26
ハイブリッドクラウド ▶▶▶ p.26 パブリッククラウド ▶▶▶ p.26 プライベートクラウド ▶▶▶ p.26

Chapter 1　従来と比べてユーザーにとって何がよいのか

04 クラウドのメリット

　クラウドには、従来型の**自社でシステムを構築する場合（オンプレミス）** と比較して、さまざまなメリットがあります。いくつかの観点から整理しておきましょう。

- 経済性

　自社でシステムを構築する場合は、利用のピーク時を想定して、使いたい機能の分だけハードウェアやソフトウェアを購入する必要があります。一方、クラウドの場合は、ハードウェアやソフトウェアを所有せず、**使いたい機能を使いたい期間だけサービスとして利用**できます。さらに、部署や事業所などがバラバラに管理していた**ソフトウェアやデータをクラウドで一元管理**すれば、ソフトウェアの更新作業やデータの保守作業を効率的に行うことができ、コストを抑えられます。

- 柔軟性

　自社でシステムを構築する場合は、サーバーの増築やシステムの拡張には高度な技術と多大な費用が必要です。一方、クラウドの場合は、**コンピューティングリソースを必要なときに必要な分だけ拡張**し、あまり必要ないときには縮小するなど、柔軟な利用が簡単に行えます。

- 可用性

　自社でシステムを構築する場合は、サーバーの障害対策のためには二重化やバックアップなどの措置が必要となります。一方、クラウドの場合は、災害に強いデータセンターの中で、**一部のハードウェア障害が起きてもサービスが継続して利用できる構成**をとっていますので、自社でシステムを構築するよりも低価格に可用性の高い環境を利用できます。また、クラウド事業者の多くは、可用性の契約としてSLA（Service Level Agreement、サービスレベル契約）を開示しています。

- 構築スピードの速さ

　自社でシステムを構築する場合は、設計後にハードウェア、ソフトウェアを調達し、配置するまでに時間がかかります。クラウドの場合は、**クラウドが用意しているハードウェア、ソフトウェアを利用**して、すぐにシステムが構築できます。

> **プラス1**　クラウドには上に挙げたもの以外にも、投資リスクの軽減や運用保守の人的稼働の軽減、クラウド利用に伴う業務の効率化など、コスト換算しにくいさまざまなメリットがあります。

イメージでつかもう！

● 自社でシステム構築する場合（オンプレミス）と比較したクラウドのメリット

クラウドを利用したシステム構築は、自社でシステムを構築する場合と比較して、経済性、柔軟性、可用性、構築スピードの速さで優位性があります。

	オンプレミスの場合	クラウドの場合

経済性	● 事前にシステム利用のピーク時を想定しておき、使いたい機能の分だけ、機器やソフトウェアを購入する必要がある。ピーク時以外はリソースに無駄が生じる。 ● クラウドと比べて規模の経済が働かず、値下げが期待できない。	● 使いたい機能を使いたい期間だけ利用できるので無駄がない。 ● ソフトウェアやデータをクラウドで一元管理することで、ソフトウェアの更新作業やデータの保守を効率的に行うことができ、コストが抑制できる。
柔軟性	● サーバー構築、システム拡張には高度な技術と多大な費用が必要。構築したシステムを気軽に拡張／縮小することは難しい。	● コンピューティングリソースの切り売りなので、必要なときに必要な分だけシステムを拡張し、必要なくなったら縮小することが簡単に行える。
可用性	● サーバーの障害対策が必要な場合、システムの二重化やバックアップなどの措置が必要。	● 災害に強いデータセンターを利用したり、障害に備えた構成をとるなどシステムの可用性を高めており、自社のシステムよりも信頼性が高い場合もある。 ● 事業者は可用性について契約するSLAを公開している。
構築スピードの速さ	● システムの設計後、ハードウェア・ソフトウェアを調達し、配置するまでに時間がかかる。	● クラウド側で用意されたインフラを利用して、すぐにシステムの構築に取りかかれる。

関連用語　コストの比較 ▶▶▶ p.30　データセンター ▶▶▶ p.92　導入と拡張性の比較 ▶▶▶ p.32

Chapter 1 ソフトウェアの機能をサービスとして利用

05 SaaSとは

　クラウドコンピューティングのサービスは多様化が進んでおり、サービス提供形態を区別するのは難しくなっていますが、大きく分けると、**「SaaS(Software as a Service、サービスとしてのソフトウェア)」**「PaaS(Platform as a Service、サービスとしてのプラットフォーム)」「IaaS(Infrastructure as a Service、サービスとしてのインフラストラクチャ)」の3つに分類できます。

　ここでは SaaS について説明します。SaaS とは、主に業務で使用するソフトウェアの機能を、インターネットなどのネットワークを介して必要な分だけサービスとして利用できるようにした形態です。**1つのサーバーを複数の企業で共有することを前提としたマルチテナント方式でのサービス提供**となります。ただし、ユーザー企業ごとのデータは分離され、セキュリティに配慮した設計となっています。

　ソフトウェアのバージョンアップは、ユーザー企業側で行う作業はなく、クラウド事業者側が更新を行います。そのため、常に最新機能を利用でき、ソフトウェアのバグを放置したままになることもありません。

　SaaS は、サービスを契約し、**ユーザーアカウントが準備できれば、すぐにサービスの利用を開始**できます。パッケージソフトを購入する場合と比べて、導入までの納期を大幅に短縮できます。

　SaaS で提供される代表的なソフトウェアとしては、情報系の電子メール、グループウェア、CRM(Customer Relationship Management、顧客管理システム)などが挙げられます。代表的な SaaS のサービスには、マイクロソフトの **Office 365**、グーグルの **Google Workspace** などがあります。

　SaaS にはインターネットを経由してアクセスできるので、会社のパソコンだけでなく、**外出先からもスマートフォンやタブレットなど端末を選ばず利用**できます。電子メールやスケジュール、営業情報などを複数のメンバーでやり取りできるサービスの採用が、企業の事業規模を問わず進んでいます。

　SaaS を導入する際は、まず電子メールやグループウェアなどから検討してみるとよいでしょう。財務会計や人事給与などの企業のコアとなるミッションクリティカルな領域にも導入が進んでいます。

プラス1　SaaS と ASP（Application Service Provider）の違いは、SaaS が共有のリソースを複数のユーザーでシェアするマルチテナントであるのに対して、ASP はシングルテナントです。

イメージでつかもう！

● SaaSは、ソフトウェアの機能をネットワークを介して利用する形態

従来のパッケージソフトのように全機能を1ライセンスで購入するのではなく、必要な機能を必要な期間だけ課金する方式で利用します。

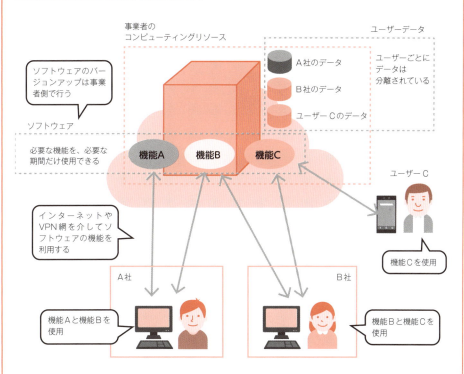

● SaaSは、ハードウェアからアプリケーションまですべて事業者が運用管理

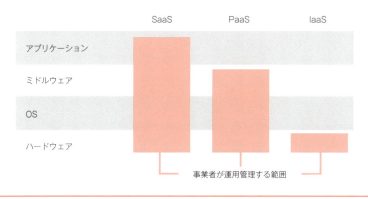

関連用語　IaaS ▶▶▶ p.24　PaaS ▶▶▶ p.22

Chapter 1 アプリケーション開発・実行環境をサービスとして利用

06 PaaSとは

　「**PaaS(Platform as a Service、サービスとしてのプラットフォーム)**」とは、企業のアプリケーション実行環境やアプリケーション開発環境をサービスとして提供するモデルです。

　ユーザー企業において、自社でアプリケーションの開発環境を一から構築するには多くの時間がかかります。その点、PaaSにはJava、PHP、Rubyなどのプログラミング言語に対応した**アプリケーション実行環境やデータベースなどがあらかじめ用意されている**ので、インフラの構築や運用保守をすることなく、その基盤を利用することで短期間にアプリケーションを開発し、サービスを提供することができます。

　IaaSと比べると、PaaSはサーバー、ネットワーク、セキュリティの部分は事業者にお任せで、構築や運用が容易に行えます。また、SaaSが決まったソフトウェアをサービスとして提供することに比べて、PaaSは**自社で開発したアプリケーションを稼働させる**ことができるので、アプリケーション活用の自由度の高いことが特徴です。ただし、裏を返せば、サーバーやミドルウェアの詳細な設定が行えなかったり、特定のPaaS環境への依存が進むと他の環境への乗り換えが難しくなることも考えられます。事業者の用意した環境が自社に合うかどうかという点もポイントです。

　PaaSの主な利用用途としては、開発やテストの実施に大きな処理能力を必要とする場合や、自社で運用中のアプリケーションのピーク時の負荷を分散する場合などが挙げられます。

　また、スマートフォンやタブレットなどのモバイル向けのサービスで、インターネットアクセスを必要とする場合にも適しています。他にも、さまざまな「モノ」がインターネットを通じて相互に通信するIoT(Internet of Things)向けに、さまざまなデバイスから生成されるセンサーデータなどの大量データを効率的に収集・処理するプラットフォームとして注目が高まっています。

　PaaSの代表的なサービスやソフトウェアとしては、サイボウズの**kintone**や、オープンソースのPaaS基盤ソフトウェアの**Cloud Foundry**、**OpenShift**などが挙げられます。

> **プラス1** PaaSのことを、アプリケーションの実行環境を提供するプラットフォームとして、APaaS(Application Platform as a Service)と呼ぶ場合もあります。

イメージでつかもう！

● PaaSは、アプリケーション開発環境をネットワークを介して利用する形態

事業者が提供するアプリケーション開発環境を利用することで、ユーザーは環境構築の手間を省くことができ、短期間のサービス開発・提供が可能となります。

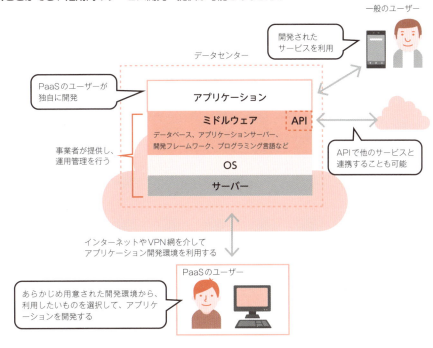

● PaaSで提供される代表的なツール、サービス

開発ツール、付属サービス	APIサービス	認証、課金、通知、分析などの付加サービス
	SDK	モバイル向けソフトウェア開発キットなど
	開発フレームワーク	Ruby on Rails、Sinatra、Spring、Node.js、Eclipseなど
中心的な機能	プログラミング言語	Ruby、Java、Python、PHPなど
	アプリケーションサーバー	Apache Tomcat、Jbossなど
	データベースサービス	MySQL、PostgreSQL、MongoDB、Amazon RDS、Oracle DB、Microsoft SQL Serverなど
	メッセージングミドルウェア	RabbitMQ、Amazon SQSなど
	他のサービスのサポート	アドオン、API連携など
	その他	アプリケーション統合、ビジネスプロセス管理、データ統合、マネージドファイル転送、ポータル、セキュリティ、テスト環境など

関連用語　API ▶▶▶ p.96　IaaS ▶▶▶ p.24　PaaS基盤ソフトウェア ▶▶▶ p.80　SaaS ▶▶▶ p.20
データ分析／IoTサービス ▶▶▶ p.58

Chapter 1　サーバー、ストレージなどをサービスとして利用

07　IaaSとは

　「IaaS（Infrastructure as a Service、サービスとしてのインフラストラクチャ）」とは、CPUやハードウェアといったコンピューティングリソースを、ネットワークを経由してサービスとして提供するモデルです。

　IaaSの基本的なサービスとしては、**仮想サーバーやオンラインストレージ**などが挙げられます。仮想サーバーとは、クラウド事業者の保有する物理サーバーのCPUやメモリ、ストレージなどの**ハードウェアリソースをソフトウェア的に分割してユーザーに提供する**ものです。ユーザー企業は物理サーバーを購入することなく、必要なときに必要な分だけ仮想サーバーを作成できます。サーバーの作成には、ものの数分しかかかりません。作成した仮想サーバーのリソースは、必要に応じて自由にスケールアップやスケールダウンができます。仮想サーバーでは、OSより上位のデータベースやミドルウェア、アプリケーションなどのソフトウェアを自由に稼働できますが、ユーザー企業自身が自らインストールして管理する必要があります。

　IaaSの料金体系は、多くのクラウドサービスでは、**利用分に応じた従量制課金もしくは月額課金となっています。**それに加えて、データのアップロードやダウンロードによるデータ転送量に応じた課金がされることがあります（事業者によってはデータ転送量が無料の場合もあります）。

　IaaSの利用例として、Webサイト用のサーバーが挙げられます。Webサイトを運営していてキャンペーン用のWebページを開設すると、短期間に膨大なアクセスが集中することがあります。そこで、そのときだけ**一時的にコンピューターのリソースを多めに借り、キャンペーンが終了したらリソースを減らす**といったように、リソースの量を柔軟に変更することによって、安定したサイトの構築・運用を低コストで行うことができます。

　また、ユーザー企業の基幹系システムなど、重要なシステムの基盤にもIaaSの利用が進んでいます。たとえば、企業の業務統合パッケージである**ERP（統合基幹業務システム）**をIaaS上で稼働させるといった事例も出てきています。

　代表的なIaaSのサービスとして、Amazon Web Servicesが提供する**Amazon Elastic Compute Cloud（EC2）**などがあります。

プラス1　IaaSの提供モデルをHaaS（Hardware as a Service）と呼ぶ場合もありますが、現在はIaaSと呼ぶことがほとんどです。

イメージでつかもう！

● IaaSは、ハードウェアリソースをネットワークを介して利用する形態

ユーザーはハードウェアを保有することなく、サーバー、ストレージ、ネットワークなどのリソース、機能を利用できます。また、いつでも迅速にリソースを追加・削除することができます。

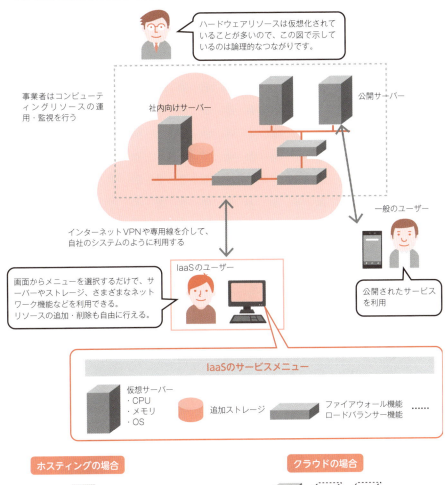

Amazon Web Services ▶▶▶ p.130　ERPでの活用 ▶▶▶ p.174　PaaS ▶▶▶ p.22
SaaS ▶▶▶ p.20　Webサイトでの活用 ▶▶▶ p.164　仮想サーバー ▶▶▶ p.46

Chapter 1 　利用形態の種類と呼び名を知っておこう

08　クラウドの利用モデル

● パブリッククラウド

　パブリッククラウドとは、**クラウド事業者がシステムを構築し、インターネット網などのネットワークを介して不特定多数の企業や個人にサービスを提供する形態**です。クラウドのシステムは企業や個人のファイアウォールの外側に構築されます。このモデルでは、ユーザー企業は自社でIT資産を保有する必要がなく、コンピューティングリソースをサービスとして利用できます。**必要なコンピューティングリソースを短期間・低コストで用意でき、運用管理の負担が少ない**といったメリットがあります。

● プライベートクラウド

　プライベートクラウドとは、クラウドサービスのユーザー側または事業者側のデータセンターに、**クラウド関連技術を活用した自社専用の環境を構築**して、コンピューティングリソースを柔軟に利用できる形態です。仮想化や自動化といったクラウド関連技術の活用により、システムのパフォーマンスとコストが最適化され、柔軟にカスタマイズできることが特徴です。

● コミュニティクラウド

　コミュニティクラウドとは、共通の目的を持った特定企業間でクラウドのシステムを形成し、**データセンターで共同運用する形態**です。パブリッククラウドとプライベートクラウドの中間的な形態です。

● ハイブリッドクラウド

　ハイブリッドクラウドとは、パブリッククラウドとプライベートクラウド、コミュニティクラウドなどの各クラウドやオンプレミスシステムを連携させて活用するシステム／サービスです。

プラスα　パブリッククラウドを利用して、VPN網などの閉域網接続により特定のユーザー企業専用のクラウド環境を用意する形態を、バーチャルプライベートクラウドと呼ぶこともあります。

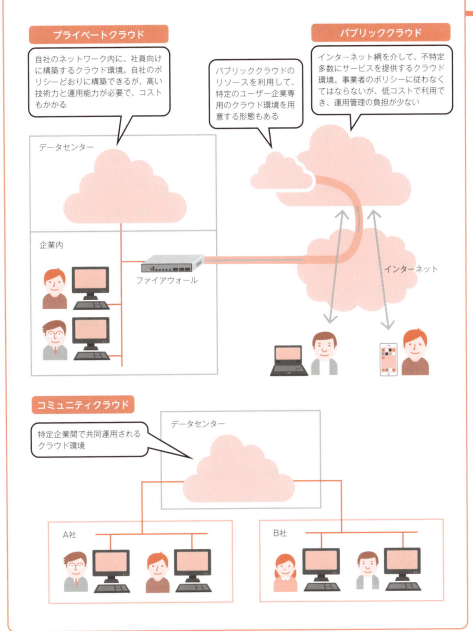

Chapter 1 自社で設備を持たない形態もある

09 プライベートクラウドの種類

　1-8節で説明したプライベートクラウドは、最近ではさらに2つに分類されます。1つは、ユーザー企業が装置を自社のデータセンター構内などに設置し、自社が保有して運用する形態で、これを**「オンプレミスプライベートクラウド」**といいます。もう1つは、プライベートでありながらクラウド事業者が装置を保有し、サービスとして提供する形態で、これを**「ホステッドプライベートクラウド」**といいます。

● オンプレミスプライベートクラウド

　ユーザー企業自らが、**クラウド基盤ソフトウェア**などを利用し、サーバーやストレージなどのハードウェアリソースを自社で購入して企業内に設置し、**自社専用のクラウド環境を構築・運用する形態**です。ユーザー企業内でシステムを設計し、運用・管理するため、自社のシステム要件に合わせた柔軟なシステム設計が可能です。また、自社の**独自のセキュリティポリシーで強固なセキュリティ環境を構築・運用**できます。

　ユーザー企業は、自社でクラウド環境を構築するため、構築および運用の負担がかかります。しかし、大規模なクラウド環境を構築・運用する場合は、クラウド事業者が提供するサービスを利用するよりも、自社でプライベートクラウド環境を構築したほうが、低コストで柔軟性の高い環境を実現できます。

● ホステッドプライベートクラウド

　オンプレミスプライベートクラウドはユーザー企業が保有するものでした。一方、ホステッドプライベートクラウドは、**クラウド事業者がユーザー企業ごとの専用のクラウド環境を用意**し、サーバーやストレージなどのリソースをサービスとして提供する形態です。ユーザー企業は、サーバーなどの機器を購入したり、自社内でシステムを構築したりする必要がないため、**短納期で専用のクラウド環境を構築し、月額費用で利用**できます。

　ホステッドプライベートクラウドは、専用線やVPN網を通じて利用するセキュリティレベルの高い専用のクラウド環境で、ユーザー企業ごとのシステムのカスタマイズにも柔軟に対応できます。

プラス1　パブリッククラウドのサービス内容の差異が小さくなってきたことで価格競争が厳しくなり、プライベートクラウドの領域に事業をシフトするクラウド事業者も増えています。

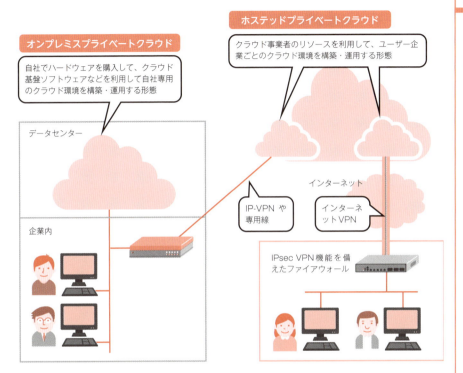

Chapter 1 クラウドが優位だが、多くの要因を考慮する必要がある

10 クラウドとオンプレミスのコストの比較

　ユーザー企業が自社で設備を保有し、運用する情報系／基幹系システムのことを「オンプレミスシステム」と呼びます。ここでは、オンプレミスシステムとクラウドの導入コストや運用コストを比較します。

　オンプレミスシステムの場合、導入にはデータセンターなどの設備費、サーバー、ストレージ、ネットワーク機器などの**ハードウェアやソフトウェアの調達費**などが必要です。その際には数年後の利用量も想定して製品を選んでおく必要があり、初期の導入費用が高額になります。また、導入後の運用には、**設備管理費やハードウェアのリース費やレンタル費、保守費、回線費、運用担当者の人件費などコスト**がかかります。

　クラウドの場合は、契約期間を気にすることなく、利用用途や利用頻度などに応じて、必要なときに必要な分だけ仮想サーバーなどのリソースを柔軟に利用でき、コストの最適化が図れます。**運用コストも月額課金の費用で利用でき、平準化することができます**。さらに、システムをクラウド事業者が運用するため、運用にかかる人件費も大幅に抑えることができます。

　クラウド事業者間の価格競争も激しく行われており、サービスの値下げが進んでいることも、利用者にとっては嬉しい点です。

● 条件によっては、オンプレミスのほうが安いこともある

　一方で、ユーザー企業が5年以上の長期間にわたってシステムを継続して利用する場合や、大規模なシステムを構築・運用する場合は、クラウドよりもオンプレミスシステムのほうが安くなる場合もあります。

　また、クラウドの導入にあたり、**既存のオンプレミスシステムの改修やデータ移行に伴うコスト**が多く発生する場合もあります。すでに安定的に長期間稼働しているシステムであれば、クラウドへ移行するとかえって高くつくこともあります。

　自社のシステムの利用状況や更改時期を踏まえたうえで、クラウドへの移行がコスト削減につながるかどうかを検討する必要があるでしょう。

> **プラス1** クラウドサービスで、コンピューティングリソースをユーザー企業がシェアすることで、コスト低減だけでなく環境負荷軽減にもつながります。

イメージでつかもう！

● オンプレミスシステムとクラウドのコスト構造

オンプレミスは最初に購入しなくてはいけないものが多く、初期費用が高くつきます。クラウドは初期費用を安く抑えられます。

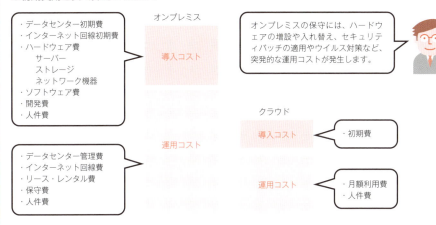

● オンプレミスシステムとクラウドにかかる費用

長期間にわたってシステムを利用する場合は、オンプレミスのほうが安くなることもあります。しかし、ハードウェアを入れ替えたり、製品をバージョンアップしたりしていると、結局クラウドのほうが安くつく可能性もあります。

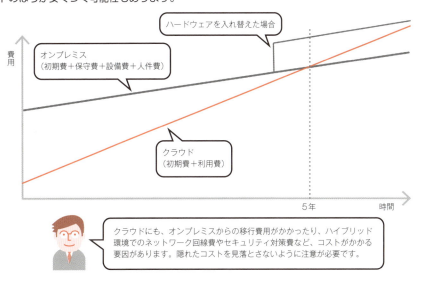

関連用語　仮想サーバー ▶▶▶ p.46　クラウド移行時の課題 ▶▶▶ p.102　データセンター ▶▶▶ p.92

Chapter 1　オンプレミスの自由度か、クラウドの容易さか

11 クラウドとオンプレミスの導入と拡張性の比較

● オンプレミスシステムの導入と拡張性

　ユーザー企業がオンプレミスシステムを導入する場合は、**自社のシステムの個別要件に応じた設計**を行います。システムの調達や構築では、データセンターはA社、回線はB社、ネットワーク機器はC社といったように、それぞれのベンダーから個別に調達し、構築することになります（実際にはSI（システムインテグレーター）がトータルで調達し、構築する場合も多くあります）。

　システムの企画から、開発、運用、効果測定、機能拡張、再構築まで、**常時、利用価値の最大化とシステムの最適化を図っていきます**。そのすべてを自社で行うことになるため、システムの導入や拡張には高度な技術力を備えた人材や多大な費用が必要です。

　また、導入後のハードウェアやソフトウェアの資産管理、監視やデータバックアップなどの運用、サーバールームのセキュリティ管理やシステムのセキュリティ対応も必要です。

● クラウドの導入と拡張性

　ユーザー企業がクラウドサービスを基盤としたシステムを導入する場合は、クラウド事業者が提供するサービスを利用するため、**サービスにかかわる調達から構築まではクラウド事業者がワンストップで提供**します。サービスの運用保守も、クラウド事業者が24時間365日対応します。

　ユーザー企業は、事業の拡大や利用用途に応じて、仮想サーバーなどのリソースの拡張や縮小を行えます。また、クラウド事業者に構築や運用をアウトソースすることで、システムを保有するリスクから解放され、これまで**運用に割り当てていた人材をよりビジネスに近い業務にシフトできる**ようになります。

　中堅中小企業で膨大なIT投資が難しい場合でも、クラウドを利用することで、大企業に匹敵する規模のサービスを利用することもできます。

イメージでつかもう！

● オンプレミスシステムとクラウドの導入の流れと拡張性

オンプレミスシステムの場合

オンプレミスシステムは、何でも自由に決めることができる半面、運用保守も含め、すべての面倒を見なくてはなりません。システムのライフサイクルも考慮しておく必要があります。

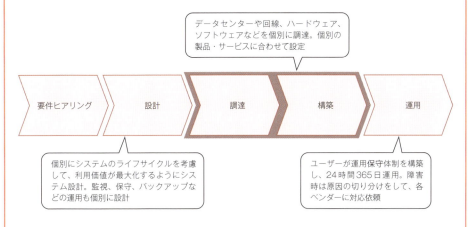

クラウドの場合

クラウドは、提供されるサービスの組み合わせが前提となりますが、調達や構築が容易で、運用保守を気にする必要もありません。運用後のシステムの拡張や縮小も手軽に行えます。

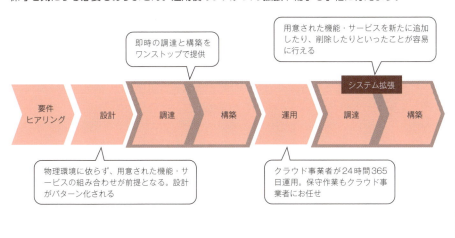

関連用語　システムインテグレーター ▶▶▶ p.112　中小企業での活用 ▶▶▶ p.38

Chapter 1　リスクを知り、対策をとることも必要

12 クラウドの安全性と信頼性

　クラウドには多くのメリットがありますが、利用するサービスの内容をよく理解したうえで安全性と信頼性を考慮する必要があります。

● クラウドのリスク

　たとえば、IaaS のリスクとして、**クラウド事業者側のハードウェアの障害によるデータの消失やサービスの停止**などが挙げられます。また、ネットワークのリスクには、通信の傍受、中間者攻撃（通信経路上に割り込む攻撃）、なりすましなどの**通信時における脅威**、ネットワーク管理の不備による**システムダウンの脅威**などが挙げられます。

　利用者であるユーザー企業側の対策としては、たとえば IaaS の障害に備えて、仮想サーバーのバックアップをとることや、仮想サーバーの環境構築を容易にするためのテンプレートを用意しておくことなどが必要となります。

● クラウドセキュリティのガバナンス

　クラウドを利用することで、ユーザー企業は自社が保有する情報の管理や処理をクラウド事業者に委ねてしまうことになります。そのため、**セキュリティなどのリスクのすべてをコントロールできない**といった問題が生じる可能性があります。

　クラウドセキュリティのガバナンス（企業の経営陣がクラウドを利用する際のリスクを主体的かつ適切に管理するための仕組みを構築・運用すること）の観点から見ると、クラウドサービスのインシデント（事故につながりかねない出来事）やサービスの復旧などは、コントロールすることが困難です。また、クラウド事業者の突然の倒産やサービスの中止など、**クラウドサービスの継続性のリスク**もあります。

　ユーザー企業は、クラウド事業者側および利用者側に潜在するセキュリティリスクを検証しておくことが大切です。そして、クラウド事業者と利用者の間の責任分界点など、クラウドを利用する際に自社が管理できる範囲を踏まえたうえで、セキュリティ対策やバックアップなどの対策をとっておく必要があるでしょう。

プラス1　2018 年 5 月、EU において GDPR（General Data Protection Regulation：一般データ保護規則）が施行され、クラウド事業者の多くは GDPR の要求事項に対応したサービスを提供しています。

イメージでつかもう！

● クラウドのリスク

クラウドサービスは、事業者のデータセンターに設置された大量の物理サーバー、物理ストレージ、物理ネットワークの上に構築されています。それらの故障のリスクがあります。災害や、運用者の操作ミスなどのリスクもあります。

クラウドとユーザーの拠点を結ぶネットワークがダウンするリスクや、悪意のある第三者に通信を傍受されたり、中間者攻撃、なりすましなどの攻撃を受けるリスクもあります。

ユーザー企業は、仮想サーバーやストレージのバックアップをとったり、安全な通信網を利用したり、アクセス制御を厳重にしたりして、リスクに備えなくてはなりません。

● クラウドのセキュリティガバナンス

ユーザー企業は、クラウドサービス側の障害や、サービスの復旧、サービスの終了などをコントロールすることができません。これらを踏まえた対策をとっておく必要があります。

関連用語　責任分界点 ▶▶▶ p.36　第三者認証 ▶▶▶ p.110　バックアップ ▶▶▶ p.48

Chapter 1 　サービス利用前によく確認しておく

13 クラウドサービスの責任分界点

　クラウドサービスの契約および利用にあたっては、**クラウド事業者と利用者の責任の分担を明確にしておく**ことが重要です。たとえば、各サービスの契約書の中では多くの場合、「当社の設備に接続するためのインターネット接続サービスの不具合など、利用者における接続環境の障害については、当社は責任を負わない」と規定されています。

　このように、クラウド事業者は、ユーザー企業が用意したインターネット環境やアプリケーションやデータベースなど、**ユーザー企業側の環境によって発生した損害までは負担しない**と規定しています。クラウド事業者がどこまで責任を負い、自社がどこまでを責任を持つかは、ユーザー企業自身がサービス仕様を事前に十分確認しておかなくてはなりません。そして、ユーザー企業の責任範囲となる部分は、ユーザー企業自身の判断で対策をとる必要があります。

　たとえば、クラウド事業者がIaaSまでを提供する場合は、ハードウェアやCPU、ストレージ、クラウド基盤ソフトウェアなどのコンピューティングリソースまでが事業者の責任範囲となります。SaaSまでを提供する場合は、ミドルウェアからアプリケーションの部分も含めて責任範囲となります。このように、**クラウドサービスの利用モデルによって責任分界点は異なります**。PaaSとIaaSを組み合わせて利用したりする場合は、より複雑になります。

● セキュリティインシデントへの対応を考えておく

　特にセキュリティインシデントへの対応は、よく考えておく必要があります。IaaSを利用している場合は、ユーザー企業側で用意したミドルウェアやアプリケーションのセキュリティ対策やアプリケーションの可用性の確保、データの保護などは、ユーザー企業側の責任範囲となります。セキュリティインシデントの対応を想定し、インシデントが生じた際にクラウド事業者からどのように情報提供されるか、サポート体制はどうなっているかなどを確認し、責任分界点の明確化と体系化を行っておきます。あわせて、**クラウド事業者と円滑にコミュニケーションがとれるような仕組み**も準備しておく必要があります。

プラス1　Amazon Web Servicesは、ユーザーとのサービスレイヤーで責任を明確に分ける「責任共有モデル」を規定し、情報を公開しています。

イメージでつかもう！

● クラウド事業者と利用ユーザーの責任範囲

クラウド事業者の責任範囲は、利用モデルによって異なります。

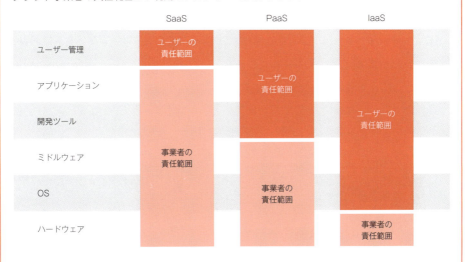

● ユーザーの責任範囲では、セキュリティインシデントへの対応を考えておく

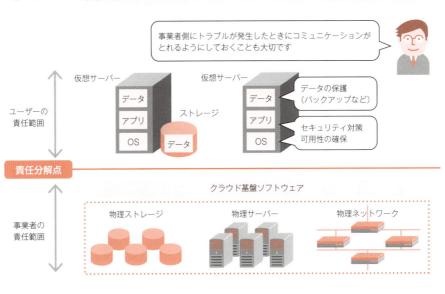

関連用語: IaaS ▶▶▶ p.24　IaaS基盤ソフトウェア ▶▶▶ p.78　PaaS ▶▶▶ p.22
PaaS基盤ソフトウェア ▶▶▶ p.80　SaaS ▶▶▶ p.20　クラウドサービス障害時の対応 ▶▶▶ p.42

Chapter 1　IT活用にあたっての人材やコストの問題を解決できる

14　中小企業のクラウド導入

　中小企業では、大企業に比べてなかなかIT活用が進んでいないと言われています。IT導入を阻む要因は、主に**ITに投資できる費用が十分でないこと、ITに精通した人材が不足していること**などが挙げられます。ITを活用しようにも、IT担当者を配置できなかったり、社員のITリテラシーが不足していてシステムを使いこなせないといった問題に突き当たることが多いのが実情です。

　中小企業がクラウドを導入することによって、実際にどのようなメリットが考えられるのでしょうか。そのメリットについて「情報システム担当者側」と「経営者側」の2つの立場に分けて整理してみましょう。

● 情報システム担当者側のメリット

　クラウドを利用した情報システムでは、構築のためのコストはほとんど必要なく、**導入コストを大幅に低減する**ことが可能です。以前は、情報システムを自社で導入するには、導入コストに大量の時間と投資が必要でした。一方、クラウドを利用すれば高機能のサービスを、あたかも自社で用意したかのように利用できます。導入にかかる時間も短く、かつ、運用保守の稼働を大幅に削減できます。設備を保有しないため、**市場環境の変化に合わせて柔軟にシステムを変化させる**ことも可能になります。

● 経営者側のメリット

　ビジネスの環境が絶えず変化する時代において、経営者の判断力と、事業の選択と集中がますます重要となっています。そのためには、**ITに投資する経営資源を最小化**し、システムの運用保守の稼動を極力減らし、**自社の強み（コアコンピタンス）の分野に経営資源を集中していく**ことが必要です。

　クラウドの導入により、コストの削減が可能となるケースが多くあります。さらに、これまで大企業しか導入できなかったサービスを利用することができ、経営の可視化や生産性向上につなげていくことも容易となりました。

　クラウドを駆使することで、企業価値の創出と持続的な成長に備えることが可能となります。

● 中小企業のIT活用が進まない要因

中小企業では、コスト要因、人的要因などによって、大企業に比べてIT活用が進んでいない状況があります。こうしたIT活用を阻害する要因に対して、クラウドの利用が有効です。

ITに投資できる費用が十分でない

ITに精通した人材が不足している

● 中小企業にとってのクラウドのメリット

中小企業にとってのクラウド導入のメリットは、大きく、外的なメリット、戦略的なメリット、コスト的なメリット、人的なメリットの4つが挙げられます。

外的なメリット
業界を超えた企業間のシステムの連携や、標準化に対応。市場環境の変化に合わせて柔軟にシステムを変化

戦略的なメリット
クラウドの活用により、自社の強みに経営資源を選択・集中。経営の見える化の実現

コスト的なメリット
システムを保有しないことで初期費用が抑えられる。また、運用もクラウド事業者に任せられるので人件費も抑えられる

人的なメリット
情報システムの構築・運用・管理から解放される

関連用語　クラウド導入の目的 ▶▶▶ p.98　スタートアップのクラウド活用 ▶▶▶ p.170

Chapter 1　IT戦略において重要な役割を果たす

15 大企業のクラウド導入

● 事業のグローバルな展開にクラウドを活用

　日本では、超少子高齢化が進み、人口減少社会を迎えています。これにより、国内市場の将来的な成長の鈍化が進んでいくと予測されています。

　今後、グローバル市場での事業展開をさらに加速していくとき、**世界各国の事業所の現場の動きをリアルタイムに近い形で集約できる環境**を整え、**効率的な業務プロセスの仕組みを作り上げる**ことが競争優位の源泉となります。業務プロセスを進化させ、企業統治（コーポレートガバナンス）の強化や経営の可視化、さらには迅速な事業展開を進めていくための有効な手段の1つにクラウドサービスの導入が挙げられます。

　企業の海外進出時においては、企業が自ら海外でのIT人材やベンダーも開拓していく必要がありますが、**IT担当の専任担当者を配置することも容易ではありません**。そのため、早期にシステムを導入でき、導入コストも抑えられ、システムの構築・運用から解放される環境を整備しておくことが重要となります。特に、生産拠点を展開するような新興国や発展途上国は、日本に比べるとITの利用環境が脆弱である場合が多く見受けられます。

　その国での事業から撤退しなければならないケースも考えられます。それを踏まえても、**リスクを最小化したシステム構成**にしておくことが必要となります。自社の本業の付加価値に結び付かないシステムやネットワークの構築と運用は、積極的に外部に委託（アウトソーシング）します。

　その一方で、自社の強み（コアコンピタンス）となる優れた技術やサービスを展開していくために、**経営資源を集中できる体制**を整えておくことが、事業の成功への大きな足がかりとなるでしょう。

　世界市場の厳しい競争環境の中では、経営の可視化と本業への資源の集中を目指すことが大切となります。その手段の1つとして、グローバルに展開できるクラウド環境の導入を推進していく戦略が、企業のIT戦略において重要な役割を占めていくことになるでしょう。

イメージでつかもう！

● グローバル市場での事業展開には、クラウドの強みが生きる

事業のグローバルな展開には、クラウドサービスの持つ、柔軟性や構築スピードの速さ、運用の手間がかからない、といった強みが大いに生かされます。

業務プロセスを進化させる

クラウドを活用することで、世界各国の事業所の情報をリアルタイムに近い形で集約し、可視化できる環境を整える。
グローバルに展開できる効率的な業務プロセスの仕組みを作り上げる。

迅速なシステム導入と運用からの解放

クラウドを活用することで、海外にITの専任担当者を置かなくてもすむような環境を整備。迅速なシステムの運用開始を可能にするとともに、事業の撤退の際にも投資を無駄にしない。

クラウド事業者、通信事業者のグローバルネットワークを利用

拠点のシステムを整理しコスト削減

小規模に分散した海外拠点のシステムを整理・統合することで、企業全体のトータルコストを削減。

1章では事業者規模ごとのクラウド導入のメリットについて説明しました。事業分野ごとの導入メリットについては6章で解説します。

関連用語　クラウド導入の目的 ▶▶▶ p.98

COLUMN

クラウドサービスに障害や不具合が発生したときの対応

　クラウドサービスは、各事業者が信頼性の高いサービスを提供しているものの、24時間365日、100%稼働し続ける保証はありません。ユーザー企業の側でも、サービスの障害や不具合の発生時には迅速に対応できる体制をとっておく必要があります。

　クラウドサービスの障害やシステムの不具合の発生時には、申込時に登録した管理担当者あてに障害発生や復旧報告の電子メールが届きます。また、クラウド事業者各社のページには、障害の復旧状況などに関する進捗情報も随時公開されています。

　障害やシステム不具合の発生時における、ユーザー企業からクラウド事業者への問い合わせ方法には、電子メールやサポートポータルからの問い合わせがあります。クラウド事業者によっては、コールセンターで電話対応をする場合もあります。24時間365日いつでも電話対応してもらおうとすると、有償になる場合も多くあります。

　クラウドサービスの契約時には、障害や不具合の発生時への対応が、メールのみか、電話による問い合わせも可能なのか、平日のみか、24時間365日受け付けているのか、確認しておくことが重要です。重要なシステムをクラウドサービスで利用する場合は、24時間365日、電話対応してもらえるようにしておくとよいでしょう。

　また、ユーザー企業がクラウド上でサービスを提供している場合、クラウドサービスの障害や災害、サイバー攻撃などで、クラウド上に保管しているデータを消失し、サービス利用者に損害を与えてしまう可能性があります。こうした場合の復旧費用や、データ消失により生じた利益損失や損害賠償などの費用を保証する保険商品もありますので、重要なデータを扱う場合やサービスを提供する場合は、事前に保険商品に加入しておくことも検討するとよいでしょう。

Chapter 2

クラウドのサービスと
その利用

この章では、IaaSやPaaSで提供されるクラウドのサービスについて解説します。それぞれのサービスの特徴と使われ方、クラウドサービスを利用したシステム構築の考え方を紹介します。

Chapter 2　自由に選択し、組み合わせて利用する

01 クラウドの提供する さまざまなサービス

　2章では、主に **IaaS/PaaS として提供されるクラウドサービス**について説明していきます。クラウドサービスでは、仮想サーバー、ストレージ、ネットワーク、データベースなど、さまざまな機能を利用することができます。こうしたサービスは、ほとんどのクラウド事業者が、多少の違いはあれ、提供しています。ここでは、それらの基本的な機能について説明します。

　クラウドサービスにおいて最も基本となるのが、**仮想サーバー**です。仮想サーバーは、物理サーバーの CPU やメモリ、ストレージといったハードウェアリソースを、ソフトウェアによって論理的に分割して利用するものです。作成した仮想サーバーでは、物理サーバーと同じように、それぞれ OS やアプリケーションを動作させることができます。仮想サーバーに割り当てる**仮想 CPU の性能やメモリ容量は、利用用途やシステムの規模に合わせて選択**できます。

　仮想サーバーは、クラウドサービスが提供している**ロードバランサー**の機能を使って冗長化や負荷分散が行えます。また、仮想サーバーへのアクセスが集中したときに、通信量に応じて自動的に仮想サーバーの台数を増減させること（オートスケール）も可能です。

　仮想サーバーと並んでよく利用されるのが**ストレージサービス**です。データやコンテンツのアーカイブ（保管）やバックアップ（保護）、ファイルサーバーとしての利用、システムの災害対策（Disaster Recovery）など、用途はさまざまです。

　クラウドサービスへの接続にはインターネットが利用できます。また、高いセキュリティレベルが要求される場合には、**VPN 網や専用線などセキュリティレベルの高いネットワークサービスを利用**することもできます。

　データベースサービスとしては、企業の基幹系システム向けのものから最近のビッグデータ分析や IoT(Internet of Things) への取り組みに適したものまで、利用目的に応じてさまざまなデータベースが提供され、活用されるようになっています。

　以上は基本的なサービスや機能ですが、これらを選択して組み合わせることで、**小規模なシステムから大規模なシステムまで対応**することができます。次節からは、クラウドの基本的なサービスや機能を紹介します。

イメージでつかもう！

● クラウド（IaaS/PaaS）の提供する代表的なサービス

クラウドを利用するユーザーは、クラウド事業者が提供するポータルサイトにアクセスして、セルフサービスでさまざまな機能を利用できます。

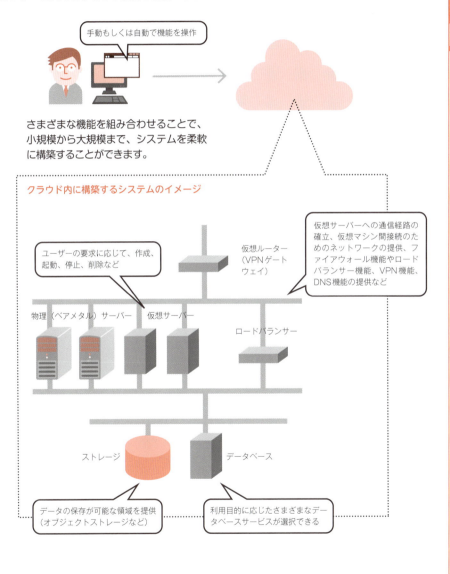

関連用語　オートスケール ▶▶▶ p.48　仮想サーバー ▶▶▶ p.46　ストレージ ▶▶▶ p.50
　　　　　データベース ▶▶▶ p.54　ネットワーク ▶▶▶ p.52　ロードバランサー ▶▶▶ p.48

Chapter 2 作成も削除も手軽に行える

02 仮想サーバー

　クラウドサービスにおいて最も基本となるのが、「仮想サーバー」です。個々のサーバー（物理サーバー）が備えるCPU、メモリなどを論理的にハードウェアリソースとみなして、1台の物理サーバーのリソースを複数の仮想サーバーに分割したり、複数の物理サーバーのリソースを1台の仮想サーバーに統合したりして活用します。それぞれの仮想サーバーでは、物理サーバーと同様に個々のOSやアプリケーションを動作させることができます。ただし、ハードウェアをエミュレーションする仕組み上、**仮想化していないサーバーよりもパフォーマンスが低下することが避けられません**。クラウド事業者によっては、高性能を求める用途に対して、物理サーバー（ベアメタルサーバー）をクラウドサービスとして提供している場合もあります。

● **仮想サーバーの利用**

　仮想サーバーは、セルフサービスのポータル画面から設定後、数分程度で起動でき、**停止、再起動、削除などもポータル画面から手軽に行えます**。また、利用状況に応じて、柔軟に仮想サーバーのリソースを変更できます。

　仮想サーバーのサービスプランは、「仮想CPUが2CPU、メモリ容量が4GB」といったように、**仮想CPUの性能やメモリ容量によって価格が決められています**。

　仮想サーバーの利用料金は、時間課金が一般的で、仮想サーバーの起動時は1時間あたり20円、停止時は10円といったような価格体系となっています。時間課金とは別に、「2CPUとメモリ容量が4GBの場合、月額料金5,000円」といったように月額上限付きで価格設定をしている場合もあります。他にも、仮想サーバーへのアップロード／ダウンロードのデータ転送量に応じた費用がかかる事業者と、データ転送量を無料にしている事業者があります。

　仮想サーバーには、起動ディスクとして**ルートディスク**が割り当てられます。必要に応じて、追加で接続するディスクを選択します。

　OSを含んだ仮想サーバーのソフトウェアイメージはテンプレートとして用意されていて、それを利用できます。無料OSでは**CentOS**（セントオーエス）や**Ubuntu**（ウブントゥ）など、有料OSでは**Microsoft Windows Server**などが選択できます。

イメージでつかもう！

● 仮想サーバー利用の流れ

仮想サーバーは、セルフサービスのポータル画面から簡単に作成できます。以下は、作成手順の一例です。

1 仮想サーバーを作成するリージョン（地域）を選択
リージョンとは、サービスを提供している地域のことです。通常は自社から一番近い地域を選びます。自社から遠い地域を選ぶと、ネットワークの遅延が問題になることがあります。

2 仮想サーバーに接続するためのアクセスキーを作成
仮想サーバーに接続するユーザーを認証するためのアクセスキーを用意します。

3 仮想サーバーへの接続を許可する通信の種類を設定
サーバーに入ってくる通信とサーバーから出ていく通信について、許可する通信の種類を設定します。これはファイアウォールの設定にあたります。

4 利用するOSとルートディスクを選択
LinuxやWindowsといったOSの種類と、それを稼働させるルートディスクの種類（HDDやSSDなど）を選択します。

5 利用する仮想サーバーのスペックを選択
必要なCPUやメモリを持った仮想サーバーを選択します。

6 利用する仮想サーバーの詳細設定
仮想サーバーを起動させるゾーン（1つの地域内の個別のデータセンター）やネットワークの設定など、各種の設定を行います。

7 追加ディスクの選択
仮想サーバーに追加で接続するディスク（ストレージ）を選択します。

8 設定した内容で、仮想サーバーを作成、起動

仮想サーバーの停止、再起動、削除なども、管理画面から手軽に行えます。

関連用語　サーバー仮想化技術 ▶▶▶ p.68　ゾーン ▶▶▶ p.48　リージョン ▶▶▶ p.48

Chapter 2 高性能なシステムを簡単に構築できる

03 仮想サーバーで使える オプション機能

　クラウド事業者では、仮想サーバーの運用に役立つさまざまなオプションサービスを用意しています。ここでは代表的な機能を説明します。

● ロードバランサー、オートスケール、定期スナップショット

　多くのクラウドサービスでは、**仮想サーバーの利用時に、「リージョン」および「ゾーン」を選択**できます。リージョンとは、たとえば、東日本リージョン（東京）、西日本リージョン（大阪）、米国リージョンといったように、**地理的に離れた独立した地域**のことです。ゾーンとは、**同一のリージョン内においての独立した（ビルなど物理的に隔離された）ロケーション**のことです。

　たとえば、AリージョンにメインサイトをBリージョンにバックアップサイトを用意しておくことで、災害対策（Disaster Recovery）や事業継続計画（Business Continuity Plan）を実現できます。リージョンには、複数の異なるロケーションのゾーンが設けられており、**ゾーンを複数選択すること（マルチゾーン）でシステムの冗長化や負荷分散をする**といったことも可能です。

　システムの冗長化や負荷分散には、ロードバランサーの機能を使います。ロードバランサーは、外部からのアクセスを通信データ量（たとえば平均同時接続TCPセッション数が一定の閾値を超えた場合）などの条件に応じて、複数の仮想サーバーに振り分けます。こうして**通信の負荷を分散することで、大量のアクセスにも対応できるシステムを簡単に構築**できます。

　オートスケールは、アクセスが集中した際など、外部からの通信データ量による負荷（たとえばサーバーのCPUやメモリの使用率が一定の閾値を超えた場合）に応じて、**自動的に仮想サーバーの台数を増減させる**機能です。これにより、突発的に大量のアクセスが集中したときにはサーバーの台数を増やして対応します。そして、アクセスが減少したらサーバーの台数を減らすことで余分なコストを抑えられます。

　定期スナップショット(バックアップ機能)では、手動または利用者が設定した時間（週次、月次）に、**仮想サーバーのディスクのバックアップを自動で取得**し、複製を作成できます。

イメージでつかもう！

● ロードバランサーの機能でサーバーへのアクセスを振り分ける

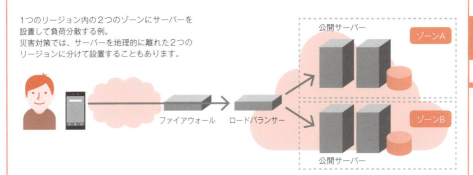

1つのリージョン内の2つのゾーンにサーバーを設置して負荷分散する例。
災害対策では、サーバーを地理的に離れた2つのリージョンに分けて設置することもあります。

● オートスケールで自動的に仮想サーバーの台数を増減させる

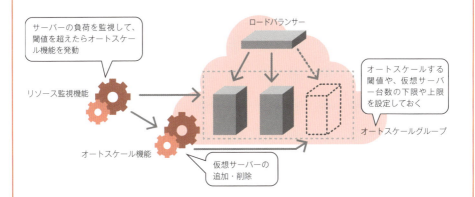

● スナップショットで自動的に仮想サーバーのディスクをバックアップする

関連用語　BCP での活用 ▶▶▶ p.172　Web サイトでの活用 ▶▶▶ p.164

Chapter 2 　用途に応じていくつかの種類がある

04 クラウドのストレージサービス

　クラウドのストレージは、データのアーカイブ（保管）やバックアップ（保護）、ファイルサーバー、災害対策（Disaster Recovery）などの用途で利用される、代表的なサービスです。ビッグデータ分析のためのデータの共有や保存でも多く利用されるようになっています。

● **さまざまなストレージサービス**

　ストレージサービスの例として、Amazon Web Services(AWS)が提供する **S3（Amazon Simple Storage Service）** があります。S3は、「オブジェクトストレージ」という、データをファイル単位で格納、取得、削除するストレージです。多くのクラウド事業者が提供するS3相当のストレージサービスは、**複数のデータセンターにデータを分散して保存することで、データが消失することを防いでいます**。S3は1年間に99.999999999%の優れた堅牢性と耐久性を保証しており、データを永続的に格納するのに適しています。データ容量は無制限で、データの格納と取り出しを自由に行うことができ、**使った容量に応じて課金**されます。クラウド事業者によっては、データ転送量やリクエスト数に応じて課金される場合もあります。

　また、AWSでは、S3と比べて大幅にコストを抑えた **Amazon S3 Glacier** というクラウドストレージも提供しています。Amazon S3 Glacierはデータの読み出しに長時間かかるため、**頻繁にアクセスする必要のない長期保存**を目的としたデジタル情報の保存、磁気テープの置き換えのために利用されます。

　S3などのオブジェクトストレージサービスは、データの読み込みや書き込み速度がそれほど速くありません。そのため、シビアな応答時間が要求されるデータベースなどで利用する場合は、ブロック単位でアクセスできる **EBS(Amazon Elastic Block Store)** に代表されるブロックストレージサービスを選択する場合もあります。

　また、企業のファイルサーバーとして利用する場合は、ファイル単位でのストレージアクセスが可能でファイル共有機能を備えた **EFS(Amazon Elastic File System)** に代表されるファイルストレージサービスを利用するといった選択肢もあります。

プラス1　Dropbox、OneDrive、Boxなどのオンラインストレージサービスが法人企業でも広く活用されるようになっています。

イメージでつかもう！

● クラウドストレージの特徴

クラウドストレージには、99.999999999％の耐久性と99.99％の可用性を備えたサービスや、可用性は下がるものの大幅にコストを抑えたサービスなど、用途に応じていくつかの種類が用意されています。

AWSのS3に代表されるオブジェクトストレージは、HTTP/HTTPSを使ってデータの読み書きが行われます。静的なコンテンツの配信などでWebサーバーのように使うこともできますし、バックアップファイルを保管するネットワークストレージとして使うこともできます。

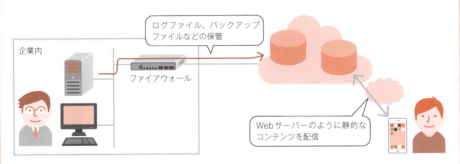

頻繁にアクセスする必要のないデータは、読み出しに時間はかかるものの非常に安価なストレージサービスに移し替えるなどして、コストを抑えます。

関連用語　Amazon Web Services ▶▶▶ p.130　オブジェクトストレージ ▶▶▶ p.76
　　　　　ファイルストレージ ▶▶▶ p.76　ブロックストレージ ▶▶▶ p.76

Chapter 2 クラウド内の機能と、クラウドと外部の接続

05 クラウドのネットワークサービス

● クラウド上にネットワークを構築

　クラウドサービスのネットワーク機能の例として、**Amazon VPC**（Virtual Private Cloud）があります。Amazon VPC は、仮想プライベートクラウドという名前のとおり、AWS 上に**仮想的なネットワークを作成して、プライベートクラウドのように利用できる**サービスです。VPC 内には任意のプライベート IP アドレス範囲を設定し、サブネット内に仮想サーバーなどのリソースを配置することができます。
　さて、クラウドサービスにはインターネットからアクセスできますが、社内向けのサービスをインターネット経由で利用することはセキュリティ上の問題があります。Amazon VPC では、プライベート IP アドレスを割り当てたネットワークに**仮想 VPN ゲートウェイ**を用意して、社内ネットワーク側の VPN ゲートウェイと IPsec による暗号化通信を行うことで、**拠点間インターネット VPN を構築**することができます。これにより、安全にクラウドサービスを利用できます。
　インターネット VPN 以外にも、NTT コミュニケーションズなどの通信事業者が提供する VPN 網と接続できるサービスもあります。インターネットを経由せず、通信事業者の VPN 網に直結しているため、より安全で安定したネットワーク環境を利用できます。
　セキュリティについては、**フィルタリングによって不要な通信をブロックする機能**を備えています。Amazon VPC の場合は**「セキュリティグループ」と呼ばれる機能で送信・受信ポリシーを設定**することで、仮想サーバーへのアクセス制御（通信のフィルタ）が行えます。同じセキュリティグループが適用された仮想サーバーは、同一のアクセス制御が適用されるため、グループ単位でまとめて管理できます。
　他にも AWS の **Amazon Route 53 に代表される DNS サービス**があります。これは、独自ドメイン名で Web やメールを利用する際などに必要となる公開用 DNS サーバー（プライマリ・セカンダリ）を運用管理するサービスです。ゾーン情報やレコード情報を設定でき、ロードバランサーなどのサービスと連携させることで可用性の高いシステムを構築することができます。

イメージでつかもう！

● クラウドサービスで利用可能な、代表的なネットワーク機能

クラウドサービス上に、自社専用のネットワーク環境を構築することができます。こうした環境設定作業も、セルフサービスのポータル画面から行うことができます。

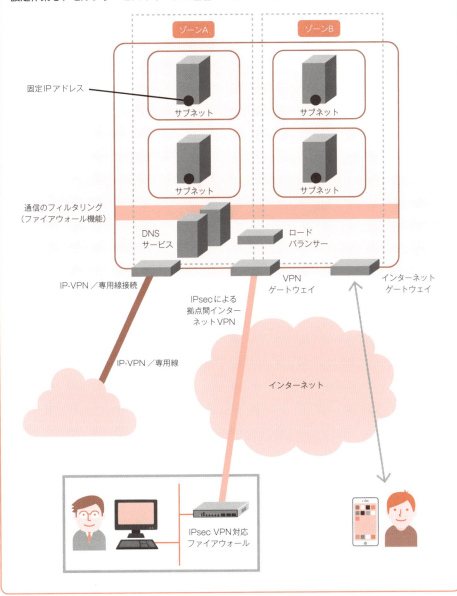

関連用語　Amazon Web Services ▶▶▶ p.130　VPN ▶▶▶ p.82　専用線接続 ▶▶▶ p.118
プライベートクラウド ▶▶▶ p.26　ロードバランサー ▶▶▶ p.48

Chapter 2　構築と運用の手間なく利用できる

06 クラウドのデータベースサービス

　各クラウド事業者では、ユーザーの利用目的に合わせてさまざまなデータベースサービスを提供しています。OSやミドルウェアはクラウド事業者が管理しているので、**ユーザーは短時間でデータベースを利用する**ことができます。ここでは、Amazon Web Services（AWS）が提供するデータベースサービスを参考に、クラウドのデータベースサービスを整理します。

● RDBMS

　AWSの「**Amazon RDS**」は、標準的な**RDBMS（Relational Database Management System：リレーショナルデータベース管理システム）**で、データベースエンジンには無料のMySQLやPostgreSQL、有料のOracle DatabaseやMicrosoft SQL Serverなどを選択できます。有料のOracle DatabaseとMicrosoft SQL Serverは、オンプレミスシステムで利用していたライセンスをクラウドサービスに持ち込むこともできます。このように、**ライセンスをクラウドサービスへ持ち込めることをBYOL（Bring Your Own License）**と呼びます。

　AWSが独自開発したRDBMSである、「**Amazon Aurora**（オーロラ）」も提供されています。AuroraはMySQLおよびPostgreSQLと互換性を持ちつつ、性能や可用性などを高め、クラウドサービス用に最適化したデータベースエンジンです。

● データウェアハウス

　AWSの「**Amazon Redshift**（レッドシフト）」はペタバイト（1024テラバイト）級のデータを処理できるデータウェアハウスのサービスで、大容量のデータ処理でも通常のデータウェアハウス製品と比べて安価かつ簡易に利用できます。

● NoSQL

　AWSの「**Amazon DynamoDB**（ダイナモディービー）」は、AWSが独自開発した**NoSQL**（ノーエスキューエル）のデータベースサービスです。高速で拡張性に優れており、低遅延での処理を必要とするアプリケーション向けのデータベースに適しています。

イメージでつかもう！

● クラウドのデータベースサービス

各クラウド事業者はユーザーの利用目的に合わせてさまざまなデータベースサービスを提供しています。以下は、Amazon Web Services（AWS）の場合の例です。環境構築、パッチの適用、バックアップの取得などの処理をAmazon側で実施します。

Amazon RDS
- RDBMS（リレーショナルデータベースサービス）。
- データベースエンジンはMySQL、PostgreSQL、Oracle Database、Microsoft SQL Server、Aurora、MariaDBの6種類をサポートしている。

Amazon DynamoDB
- NoSQLサービス。
- リレーショナル機能を持たないが、高速で可用性が高い。
- データベース容量は自動的に拡張できる。

Amazon ElastiCache
- インメモリキャッシュサービス。
- データベースへのクエリ結果をキャッシュするなどして、Webシステムの高速化を実現できる。
- キャッシュエンジンはMemcached、Redisをサポートしている。

Amazon Redshift
- データウェアハウスサービス。
- 分析用途のデータ処理に特化している。
- ペタバイト規模のデータを処理できる。
- 高速で管理も万全。

信頼性、拡張性の高いデータベース環境を自ら構築するには高い技術力が必要ですが、クラウド事業者側にそれをすべて任せることができます。

● （参考）データウェアハウスとは

データウェアハウスとは、以下のような特徴を持つデータの集合体。

- 主題ごとに編成されている
- 論理的に統合されている
- 削除や更新をしない
- 時系列を持つ

通常のデータベースは、ある目的について参照時点での状況が把握できればよいので、過去のデータをそれほど長期にわたって保持しない。
データウェアハウスは過去のデータの蓄積から現在の判断を行う目的で用いられるため、データの削除や更新をしない。そのため、データ量が時間と比例して増大する。

関連用語　Amazon Web Services ▶▶▶ p.130　NoSQL ▶▶▶ p.74

Chapter 2 クラウドへの移行の負担を抑える各種サービス

07 クラウドの基幹系システム向けサービス

　各クラウド事業者では、仮想サーバーなどの IaaS のサービス以外にも、多種多様なサービスを提供しています。そのうちの 1 つとして、ここでは企業が自社の基幹系システムをクラウドに移行するためのサービスを紹介します。

●「リフト&シフト」を支援するサービス

　企業の既存のオンプレミスシステムをクラウドサービスへ移行しようとする場合、個別のアプリケーションをクラウドへ移行することは比較的容易です。一方で、オンプレミスのシステム全体を移行しようとする場合、システム構成に大きな変更が伴うことが課題となります。

　企業のオンプレミスシステムの多くは **VMware ベース**のシステムを採用していますが、クラウド事業者が提供する VMware に対応したサービスを採用することで、システムのアーキテクチャーの変更を極力回避しつつ、クラウドへ移行することが可能です。たとえば AWS の **「VMware Cloud on AWS」** や IBM の **「VMware on IBM Cloud」** など、多くのクラウド事業者が VMware に対応できるサービスを用意しています。

　このような、既存のオンプレミスシステムとの互換性や継承性を重視し、既存システムに変更を加えることなくクラウドにそのまま移行（Lift）し、その後に随時システムをクラウドに最適な環境に変更（Shift）していくのが**「リフト&シフト」**というアプローチです。ユーザー企業では既存の複雑なオンプレミスシステムの環境を踏まえ、**リフト&シフトによりクラウドへ移行するケース**が増えています。

● クラウド ERP

　その他、基幹系システム向けサービスとしては、統合基幹業務システム（ERP）パッケージの機能をクラウド環境で使う**「クラウド ERP」**の導入も進んでいます。従来の自社内で構築するオンプレミス ERP に比べて過度なカスタマイズを排除することで開発・運用効率を高められ、コスト削減できるといったメリットが評価されています。

イメージでつかもう！

● オンプレミスの基幹系システムをクラウドに移行する際の4つのアプローチ

企業が既存のオンプレミスシステムをクラウドへ移行する場合、以下の4つのアプローチが考えられます。このうち、ユーザー企業の基幹系システムでは、VMwareベースのシステムをVMwareに対応したサービスを利用して移行する「リフト＆シフト」のアプローチをとることが増えています。

クラウドへの最適化の度合い

クラウドネイティブシフト
クラウドの機能を前提としたシステムの刷新

従来型ITとクラウドネイティブの併存
既存のオンプレミスシステムをクラウドに移行したうえで、一部にクラウドの機能を採用し、標準化・自動化をはかる

リフト＆シフト
構成の変更を極力回避して、既存のオンプレミスシステムをクラウドへ移行し、随時変更

> リフト＆シフトのアプローチでは、VMwareに対応したサービスの利用が進んでいます。

アプリケーション単位シフト
システム全体に影響の小さいアプリケーションをクラウドへ移行

● リフト＆シフト（Lift and Shift）

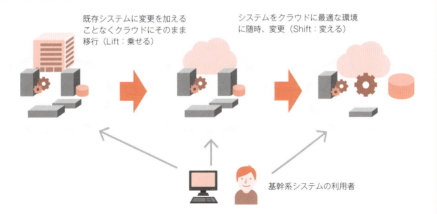

既存システムに変更を加えることなくクラウドにそのまま移行（Lift：乗せる）

システムをクラウドに最適な環境に随時、変更（Shift：変える）

基幹系システムの利用者

関連用語　ERPでの活用 ▶▶▶ p.174　クラウドサービスに対応するアプリケーション ▶▶▶ p.108

Chapter 2 新しいサービスやビジネスモデルの創造に欠かせない

08 クラウドのデータ分析／IoTサービス

　各クラウド事業者は、アプリケーションの開発に利用できるPaaSのサービスの充実を図っています。ユーザーはPaaSのサービスを活用することで、インフラの管理をする必要がなくなり、データの加工などの本来やりたいことに専念できます。

　クラウドの代表的なPaaSのサービスとして、ビッグデータの活用に役立つ**データ分析サービス**と**IoTサービス**が挙げられます。「ビッグデータ」については6-10節で、「IoT」については6-11節で解説しているので、そちらを併せて参照してください。

● クラウドのデータ分析サービス

　ビッグデータの活用では、大量のデータを「収集」し、「蓄積」したうえで、新たな知見を生み出すための「分析」などの作業を行っていくことになります。クラウド事業者ではこのようなデータ活用の各プロセスに対してサービスを提供しています。

　たとえば、Google Cloud Platformでは、テラバイト、ペタバイト級のデータを高速に解析できるデータウェアハウスサービス**「BigQuery」**や、バッチデータやストリーミングデータをリアルタイムに取得・変換・分析・分類できる**「Cloud Dataflow」**、分析用データを準備するための加工・クリーニングサービス**「Cloud Dataprep」**など、さまざまなサービスを提供しており、ユーザーは目的に合わせて利用できます。

● クラウドのIoTサービス

　インターネットに接続したIoTデバイスから収集されるセンサーデータなどを「収集」し、「蓄積」したうえで、「分析」や「制御」を行うためのクラウドサービスも、各クラウド事業者から提供されてます。ユーザーが用意するのはモノの部分だけでよく、IoTアプリケーションを効率よく開発することが可能です。

　たとえば、AWSの**「AWS IoT」**では、**「AWS IoT SiteWise」**でデータを収集し、そのデータを時系列データベースの**「Amazon Timestream」**で蓄積し、**「AWS IoT Events」**でデバイスの異常検知などをモニタリングするといったように、さまざまなサービスを組み合わせることで、利用目的に合ったIoT環境を構築運用できます。

> **プラス1** IoT関連のサービスでは、マイクロソフトの「Azure IoT」、Googleの「Google Cloud IoT」、さくらインターネットの「さくらのIoT Platform」などがあります。

イメージでつかもう！

● クラウドのデータ分析サービス

AWS や Microsoft Azure、Google Cloud Platform（GCP）などは、さまざまな分析サービスを提供しています。GCP の場合、グーグルの高度な技術を生かしたデータ分析サービスを Web ブラウザから簡単に利用することができます。

Google Cloud Platformの主なデータ分析サービス

BigQuery
・データウェアハウスサービス
・テラバイト、ペタバイト級のデータを手頃な料金で高速処理できる
・SQLで集計や解析が行える

Cloud Dataflow
・バッチデータやストリーミングデータの取得・変換・分析・分類などをリアルタイムに処理できる

Cloud Dataproc
・Apache Spark や Apache Hadoop のクラスターを手軽に利用できる

Cloud Datalab
・Pythonライブラリを用いてGCP上の大規模なデータセットを解析、可視化できる
・Jupyter Notebook ベース

Cloud Dataprep
・分析用データの加工がクリック操作で簡単に行える

● クラウドのIoTサービスを利用した開発

各クラウド事業者は、IoT アプリケーションを開発するためのさまざまなサービスを取り揃えています。ユーザーは用意されたサービスを組み合わせることで、開発やデータ管理の手間を極力抑えることができます。

ユーザーが用意
・モノの制御
・クラウド側のデータ収集モジュールと接続（SDK利用）

クラウドサービスが提供

関連用語　Google Cloud Platform ▶▶▶ p.134　IoT ▶▶▶ p.182　PaaS ▶▶▶ p.22
データウェアハウス ▶▶▶ p.54　ビッグデータ ▶▶▶ p.180

Chapter 2 幅広い産業分野で活用の期待がかかる

09 クラウドのAI／機械学習サービス

　ここ数年で、**AI（人工知能）**の活用があらゆる産業分野で進んでいます。とりわけ**機械学習**という仕組みによって、従来は人間の領域であった文章や音声、画像、言語などをコンピューターが認識して、解析、処理することが可能になっています。AI／機械学習には膨大なデータと高速な演算が必要となるため、クラウドサービスの活用は欠かせないものとなっています。

● 「ユーザー自身が機械学習を行うサービス」と「学習済みサービス」

　クラウド事業者が提供する機械学習のサービスには大きく分けて、**「用意された機能（ライブラリ）を利用してユーザー自身が機械学習を行うもの」**と、**「クラウド事業者があらかじめ大量のデータで学習を行ってあり、その成果を利用できるもの」**の2つがあります。

　前者のクラウドサービスには、「Amazon SageMaker」、「Azure Machine Learning」、「Google Cloud Machine Learning Engine」、「IBM Watson Machine Learning」などがあります。これらのサービスでは、ユーザー自身が独自のモデルを作成でき、応用分野が広い半面、データ分析のできる人材の確保が必要になるなど難易度は高くなります。

　一方、後者の学習済みモデルを提供するクラウドサービスは、ユーザー独自のモデルを作り込まない代わりに、自社のビジネスで活用するまでの時間を大幅に短縮できます。音声認識や画像認識、自然言語処理、自動翻訳、動画認識・分析などをAPI経由で提供しているため、自社のシステムやサービスと組み合わせて利用可能です。

　昨今では、大量のデータをもとに人の指示や質問に応じて、文章や画像などを作成する**生成AI**（Generative AI：ジェネレーティブAI）の普及により、生成AI関連のクラウドサービスの提供が増えています。マイクロソフトは、文章などを作成する「Microsoft Azure OpenAI Service」や、Office（Microsoft 365）の各種ソフトウェアやメールなどを生成AIで支援する「Microsoft 365 Copilot」などを提供しています。

プラス1　文章を作る生成AIでは、米オープンAIが開発した「ChatGPT」が有名で、マイクロソフトが出資しています。

イメージでつかもう！

● 機械学習とその活用（画像認識の例）

モデルの作成 用意した学習データで機械学習を行い、判定に使えるモデルを作成します。

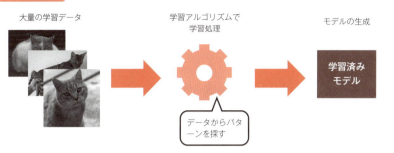

学習済みモデルの利用 学習済みモデルを使って、未知のデータの判定を行います。

● AWS、Azure、GCPで利用できるクラウドサービス

モデルの作成

Amazon Web Services（AWS）	Microsoft Azure	Google Cloud Platform（GCP）
・SageMaker	・Machine Learning	Cloud Machine Learning Engine

学習済みモデルの例

Amazon Web Services（AWS）	Microsoft Azure	Google Cloud Platform（GCP）
・Amazon Transcribe（音声をテキストに変換）	・Speech to Text（音声をテキストに変換）	・Cloud Speech API（音声をテキストに変換）
・Amazon Translate（言語翻訳）	・Translator Text（言語翻訳）	・Cloud Translation API（言語翻訳）
・Amazon Lex（会話型インターフェース）	・Azure Bot Service（会話型インターフェース）	・Cloud Jobs API（仕事検索）
・Amazon Polly（テキストを音声に変換）	・Text to Speech（テキストを音声に変換）	・Cloud Vision API（画像分析）
・Amazon Rekognition（画像・動画分析）	・Computer Vision（画像分析）	・Cloud Video Intelligence API（動画分析）
・Amazon Comprehend（自然言語処理）など	・Language Understanding（自然言語処理）など	・Natural Language API（自然言語処理）など

関連用語　Amazon Web Services ▶▶▶ p.130　Google Cloud Platform ▶▶▶ p.134
GPU ▶▶▶ p.90　Microsoft Azure ▶▶▶ p.132

Chapter 2 オンプレミスシステムとは違う考え方が必要

10 クラウドを利用したシステム構築

　クラウドサービスの利用によって、システム構築の考え方が大きく変わります。クラウドサービスでは、システムを構成するハードウェアは抽象化されていて、従来は必要だった人的作業の負担が大幅に軽減されます。

● システム構成はクラウドのサービスに依存する

　オンプレミスシステムの場合は、自社の要件に合わせてシステムを設計し、必要な製品やサービスを調達し、構築するという考え方が中心でした。しかし、クラウドサービスを利用したシステム構築の場合は、**クラウド側で提供している標準化されたサービス（機能）を組み合わせる**という考え方が中心となります。たとえば、AWSではクラウドサービスのシステム構成のベストプラクティスを共有する**「クラウドデザインパターン」**という資料をWeb上に公開しています。細かなカスタマイズをすることなく標準化されたシステム構成を採用したり、APIを経由して他サービスと連携させていくといった考え方が必要となります。

　なお、既存のシステムをクラウドに置き換える場合は、システムやアーキテクチャー変更に伴うスループットやレスポンスの低下などの影響分析や、セキュリティリスクへの対応なども必要となります。

● 障害発生を前提とした設計

　クラウドはオンプレミスと比べて、**安定運用期に入ってからの障害が比較的起こりやすい**と言われます。そのため、クラウドを利用したシステム構築では、障害発生を前提とし、**障害が発生しても問題なく運用できる**ような設計を行う**「Design for Failure」**の考え方が必要となります。システムに単一障害点（Single Point of Failure、SPOF）を作らず、ゾーンに分けてシステムの冗長構成をとるなど、システム全体の可用性を高めた設計を行う必要もあるでしょう。

　クラウドサービスの運用管理では、アクセス状況に応じたサーバーの起動や停止、定期的なバックアップといった作業は**運用自動化ツール**などを利用して自動化し、極力人手をかけない仕組みを作り上げることが重要です。

イメージでつかもう！

● オンプレミスとは違い、クラウドは提供されているサービスを利用する

オンプレミス
最新の製品情報を把握し、検証するなどして最適な製品を選ぶ。

クラウド
提供されているサービスの中から必要なものを選ぶ。

● クラウドは自由度が低いが、システム構築のノウハウが共有されている

多くのクラウド事業者では、自社のサービスを利用した実績のあるシステム構成パターンや、実装手順などを公開しています。システム構築にあたって、その資料を参考にすることができます。

システム構成
パターン集

システム構成時の
技術的な課題と対策

汎用的な
実装手順

クラウド事業者が蓄積したノウハウを真似することで、安全で効果的なクラウド環境を、短期間で構築できます。

● クラウドを利用したシステム構築の代表的な考え方

- ロードバランサーやオートスケールでシステムが拡張できるようにしておく
- 1つのゾーンで障害が発生しても大丈夫なようにマルチゾーンにしておく
- サーバーなどのダウンを監視し、自動的に復旧するようにしておく
- システムを自動的にコピーし、バックアップできるようにしておく
- APIを経由して他サービスと連携させる環境にしておく
- オンプレミスや他のクラウドに移る可能性も考慮しておく

関連用語 Amazon Web Services ▶▶▶ p.130　API ▶▶▶ p.96　クラウド管理プラットフォーム ▶▶▶ p.64
システムの導入 ▶▶▶ p.32

COLUMN

クラウド管理プラットフォーム

　クラウドサービスのサーバーの利用が進み、複数のクラウドサービスを利用するケースも増えています。それに伴い、サーバー環境構築の自動化や、複数のクラウドの統合的な管理など、効率化へのニーズが高まっています。
　複数のクラウドの構成管理や運用管理の機能を持つのが「クラウド管理プラットフォーム」です。ここでは、クラウド管理プラットフォームの持つ主な管理機能について解説します。

・構成管理
　クラウドサービスのサーバーやネットワークなどのシステム構成やアクセスルールなどの管理を、ポータル画面から簡単に行う機能です。サーバーやアプリケーションの環境構築などの構築手順をコード化し、目的のサーバー環境を自動で構築することができます。

・性能管理
　構築したクラウドサービスのシステムや、サーバー環境のCPUやメモリなどのパフォーマンスを監視・管理する機能です。

・運用管理
　サーバーやネットワークの運用監視や、定期的なデータバックアップ、リソースモニタリングやアラート通知、定期的なジョブ実行など、クラウドサービスの運用管理を行う機能です。

・マルチクラウド管理
　複数のクラウドサービスごとに異なるAPIやサービスを統合的に管理する機能です。個々のクラウドサービスを意識することなく、仮想サーバーの作成や停止など、設定変更を行うことができます。

・ユーザー管理
　所属や職位に応じて、運用管理やコスト管理など、どのようなシステムにアクセスできるか権限設定を行う機能です。

Chapter

3

クラウドを
実現する技術

この章では、2章で紹介したクラウ
ドサービスがどのような仕組みで成
り立っているのか、技術的な知識を
解説します。技術の概要を知ってお
くことで、クラウドについてより深く
知ることができ、サービスの選択や
利用に役立つでしょう。

Chapter 3 技術を知ることでサービスを深く理解できる

01 クラウドを実現する技術

　前章で見てきたようなクラウドのサービスは、さまざまな技術によって実現されています。具体的には、仮想化技術、コンテナ技術、分散処理技術、データベース技術、ストレージ技術などです。これらの技術の概要を知っておくことで、クラウドのシステム構成についての理解が進み、導入や運用において役立つでしょう。

　クラウドコンピューティングの環境を構築・運用するのに欠かせないのが**仮想化技術**です。仮想化とは、サーバーなどの**ハードウェアのリソース（たとえば CPU、メモリ、ストレージ）を論理的に扱えるようにする仕組み**です。これにより、1台の物理サーバーのリソースを複数に分割して複数のサーバー環境を構築したり、複数台の物理サーバーのリソースを1つのサーバー環境に統合したりすることができます。クラウドのサービスでは、システムの構成を素早く柔軟に変更したり、リソースがひっ迫してきたら自動的にリソースを追加するといったことが行えます。そのようなことが可能なのは、物理的なハードウェアのリソースを仮想化技術により論理的に扱っているからです。

　コンテナも仮想化技術の1つで、1つの OS 環境で**アプリケーションを実行するための領域（ユーザー空間であるコンテナ）を複数に分割して利用**します。コンテナは起動や停止が高速で、他のクラウドへの移植性が高いといったメリットがあります。

　分散処理は、**大量のデータを複数のサーバーに分散して、同時並列で高速かつ効率的に処理する技術**です。ビッグデータの分析など、大量かつ多様なデータの処理にクラウドは最適です。分散処理技術のことも押さえておきましょう。

　また、大量データの集計や商品取引、ビッグデータ分析や IoT の基盤など、利用目的やデータ特性に応じて、RDB（Relational Database：リレーショナルデータベース）や NoSQL に代表されるさまざまな**データベース技術**がクラウドサービスで利用されています。

　クラウドはそれ以外にも、データやプログラムを保存する記録装置であるストレージ技術、オープンソースのクラウド基盤ソフトウェア、運用管理、セキュリティなど、さまざまな技術の組み合わせで構成されています。

　3章では、クラウドに欠かせないこれらの技術について解説していきます。

イメージでつかもう！

● クラウドを実現するさまざまな技術

クラウドサービスの持つ、コンピューティングリソースを好きなときに好きなだけ利用できる、複数ユーザーでリソースを共有する、といった特徴は、さまざまな仮想化技術によって実現されています。他にも、分散処理技術などクラウドのメリットを生かす技術がいろいろあります。

IaaS基盤を構成する主な技術

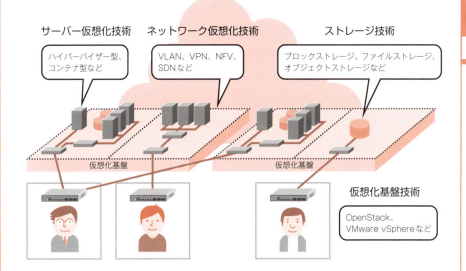

PaaS基盤を構成する主な技術

関連用語　コンテナ技術 ▶▶▶ p.70　サーバー仮想化技術 ▶▶▶ p.68　ストレージ技術 ▶▶▶ p.76
　　　　　データベース技術 ▶▶▶ p.74　ネットワーク仮想化技術 ▶▶▶ p.82　分散処理技術 ▶▶▶ p.72

Chapter 3　物理サーバーのリソースを論理的に分割して使う

02 サーバーの仮想化技術

　仮想化技術には、主に「サーバーの仮想化」「ネットワークの仮想化」「ストレージの仮想化」の3種類があります。ここではサーバーの仮想化について説明します。

● サーバー仮想化のメリット

　サーバーの仮想化では、**1台の物理サーバーのリソースを複数のサーバー環境に割り当てて**、それぞれでOSやアプリケーションを稼働させられるようになります。

　物理サーバーの場合、そのリソースをすべて使い切ることはまれで、どうしてもリソースが余ることが多くなります。サーバー仮想化によって、それまで個別に稼働していた多くの物理サーバーを少数に集約でき、サーバーリソースを有効活用できます。また**物理サーバーが減ることで、省スペース化、コスト削減につながります**。旧バージョンのOSが必要な業務アプリケーションや、多様なバージョンのOSやミドルウェア環境が必要な開発・テスト環境の利用にも適しています。

　サーバーの仮想化では、CPUやメモリ、ストレージ、ネットワークなどがエミュレートされ、物理サーバーと同様に利用できます。個々の仮想サーバーは独立していて、同じ物理サーバー上にある**仮想サーバーの1台がウイルスなどによる脅威にさらされた場合でも、それ以外の仮想サーバーが影響を受けることはありません**。

● 3種類のサーバー仮想化技術

　サーバーの仮想化技術は、主に「ハイパーバイザー型」「ホストOS型」と、後述する「コンテナ型」の3種類に分類されます。ここではハイパーバイザー型について解説します。

　ハイパーバイザー型は、1台の物理サーバーのハードウェア上で**ハイパーバイザーと呼ばれる仮想化ソフトウェア**を動かし、その上でLinuxやWindowsなどの複数のゲストOSを稼働させる形をとります。当然ながら、複数に分割したサーバーのそれぞれの処理能力は物理サーバーと比べると低下します。

　代表的なものに、ヴイエムウェアのVMware vSphere、マイクロソフトのHyper-V、シトリックスのXen、Linux標準機能のKVMなどがあります。

> **プラス1**　物理サーバーで稼働しているシステムを仮想サーバーへ移行することをP2V（Physical to Virtual）、仮想サーバー同士の移行をV2V（Virtual to Virtual）と呼びます。

イメージでつかもう！

● サーバー仮想化のメリット

サーバーの仮想化は、1台の物理サーバーのCPUやメモリ、ストレージなどのハードウェアを論理的に分割して、複数の仮想サーバーに割り当てる技術です。個々の仮想サーバーでは、物理サーバーと同じようにOSやアプリケーションを動かすことができます。
サーバー仮想化により、省スペース化やリソースの有効活用などさまざまなメリットがあります。

物理サーバーで稼働しているシステムを仮想サーバーへ移行させたり、仮想サーバーで稼働しているシステムを別の仮想サーバーに移行することもできます。

● 3種類のサーバー仮想化技術

関連用語　コンテナ技術 ▶▶▶ p.70

Chapter 3　OS 上のアプリケーション実行領域を分割して使う

03 コンテナ技術

　各クラウド事業者は「コンテナ技術」に対応したサービスを提供しており、開発環境で使われ始めるなど注目度が高まっています。

　コンテナ技術とは、1つの OS 環境で**アプリケーションを実行するための領域（ユーザー空間）を複数に分割して利用する**ものです。それぞれのユーザー空間を「コンテナ」と呼びます。そして、それぞれのコンテナで、他のコンテナに影響を与えることなくアプリケーションの実行が行えます。コンテナは、ホスト OS からは1つのプロセス（動作中のプログラム）に見えます。サーバー仮想化がハードウェア環境を丸ごと仮想化するのに対して、**コンテナはアプリケーション実行環境を仮想化する**と思えばよいでしょう。コンテナを作る際に使えるテンプレートにはさまざまな種類の OS に対応したものが用意されていて、それを使って**1つのホスト OS 上でマルチ OS 環境が実現できます**。

　仮想サーバーが起動するのに数十秒から数分程度かかるのに対して、コンテナは仮想化に伴うオーバーヘッドが少ないため**高速で起動や停止ができ、性能が劣化することもほとんどありません**。ゲスト OS を用意する必要がないため、ディスク使用量も抑えられます。また、個々のコンテナが必要とするハードウェアリソース（CPU、メモリ、ストレージ、ネットワークなど）も少ないため、**1台の物理サーバーに非常に多くのコンテナが載せられる**というメリットもあります。また、アプリケーション実行環境がコンテナ単位でパッケージ化されているので、ローカルのパソコンで開発していた環境をクラウドに移したり、A 社のクラウドから B 社のクラウドへといった複製や移植性にも優れています。

　代表的なコンテナ型仮想化ソフトウェアとして、Docker 社が開発しているオープンソースの**「Docker」**があります。コンテナ型仮想化ソフトウェアの運用管理を自動化するツールにも注目が集まっており、オープンソースの管理ツール**「Kubernetes」**の実質的な標準化（デファクトスタンダード化）が進んでいます。コンテナなどの技術を推進する団体としては「Cloud Native Computing Foundation（CNCF）」があります。

> **プラス1**　クラウド上のコンテナ管理サービスとして、AWS の「Amazon Elastic Container Service」やマイクロソフトの「Azure Kubernetes Service」などがあります。

イメージでつかもう！

● ハイパーバイザー型とコンテナ型の違い

ハイパーバイザー型

ハイパーバイザー型は、OS環境を丸ごと仮想化します。

この点線の枠で囲ったものが、それぞれ仮想サーバーです。

代表的な製品
・VMware vSphere
・Xen Server
・Hyper-V

メリット
・仮想サーバーごとにOSが選択できる。
・仮想サーバーごとに完全に分離されていて、ある仮想サーバーがサイバー攻撃されても他の仮想サーバーには被害が及ばない。

デメリット
・仮想サーバーごとにOSが必要なので、CPU、メモリ、ストレージなどのハードウェアリソースの消費量が多い。
・仮想サーバーの起動に時間がかかる。

コンテナ型

コンテナ型は、1つのOS環境の上で、アプリケーションを実行するための領域を複数に分割して利用します。コンテナを作るためのテンプレートにはさまざまな種類のOSに対応したものがあり、1つのホストOS上でマルチOS環境が実現できます。

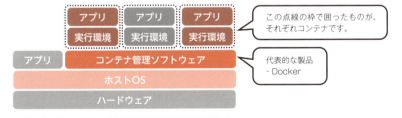

この点線の枠で囲ったものが、それぞれコンテナです。

代表的な製品
・Docker

メリット
・1つのホストOS上で、複数のOSを同時に利用できる。
・他のコンテナへの複製性や移植性に優れている。
・仮想化環境の上でさらにOSを動かすといった必要がないため、個々のコンテナが必要とするハードウェアリソースは少なくて済み、起動も高速。

デメリット
・ホストOSとコンテナはカーネル（OSの中核部分）を共有する。そのため、たとえばLinuxカーネルの上でWindowsコンテナを動かすようなことはできない。
・1つのホストOS上で複数のコンテナが起動しているため、あるコンテナがサイバー攻撃されると、他のコンテナも危険にさらされる可能性がある。

関連用語　ハイパーバイザー ▶▶▶ p.68

Chapter 3 データを並列処理して処理速度を向上させる

04 分散処理技術

　クラウドが登場する前は、テラバイト、ペタバイト級の大量のデータを処理するには高速なCPUと大容量メモリを搭載したサーバーが必要でした。しかし、今では分散処理技術とクラウドサービスを利用することで、**データを複数のサーバーに分散して並列で処理**することができます。また、処理の負荷状況に応じてサーバーなどのリソースを増減できます。これにより、**価格を抑えながら大量のデータを高速に処理**することが可能になりました。

　大量のデータを分散処理する仕掛けとして、複数のサーバーを組み合わせて1つのコンピューターのように見せます。これを「クラスタリング」と呼びます。クラスタリングでは、大量のデータ処理中にいずれかのサーバーに障害が発生した場合でも、別のサーバーに自動的に作業を割り当てて処理を継続できます。

● 分散処理を実現するソフトウェア

　分散処理を実現する代表的なソフトウェアとして、オープンソースとして公開されている「Apache Hadoop」や「Apache Spark」があります。

　Apache Hadoopは、**1台のマスターサーバーと、その配下にある複数のスレーブサーバーで構成**されます。マスターサーバーがデータの処理全体をコントロールし、スレーブサーバーが計算処理を行います。**処理能力はスレーブサーバーの台数に比例して向上**します。Apache Sparkは**大量のデータの並列分散処理をメモリ内で行います**。Apache Hadoopが繰り返し処理の最中にディスクにデータを出し入れするのと比べて、**メモリ内で処理するため非常に高速**です。しかし、クラスタリングシステムのメモリに乗り切らないテラバイト級を超えるデータの処理には向きません。Apache Sparkが応答が速いのに対し、Apache Hadoopは処理できる量が多いといえます。Apache Hadoopが大量のデータのバッチ処理（ある程度まとまったデータを集めてから一括処理を行うこと）に適しているのに対して、Apache Sparkは機械学習のように同じデータを繰り返し処理する高度なデータ分析を高速に行うのに適しています。

　それぞれの特徴に合わせて、相互に補完しながら利用できます。

イメージでつかもう！

● 分散処理の考え方

MapReduce（マップリデュース）という仕組みが有名です。Mapの処理とReduceの処理を複数のサーバーで並行して行うことにより速度が向上します。

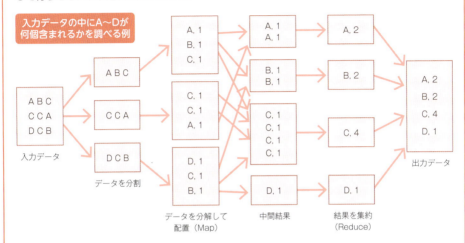

● Apache Hadoopの構成

複数のサーバーを1つのコンピューターのように見せるクラスタリングにより、大量のデータを分散処理します。

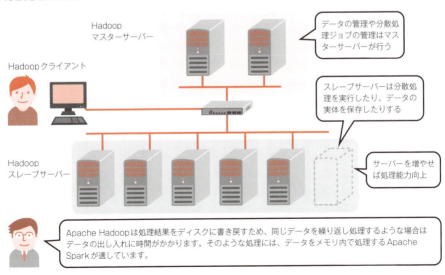

Apache Hadoopは処理結果をディスクに書き戻すため、同じデータを繰り返し処理するような場合はデータの出し入れに時間がかかります。そのような処理には、データをメモリ内で処理するApache Sparkが適しています。

関連用語　ビッグデータ分析 ▶▶▶ p.58　機械学習 ▶▶▶ p.160

Chapter 3　RDBとNoSQL、それぞれの特徴

05 データベース技術

　各クラウド事業者では、大量のデータの分析処理や、トランザクション処理（商取引などの一連の情報処理）など、ユーザーの利用目的に合わせてさまざまなデータベースサービスを提供しています。データベースには、主に**RDB（Relational Database：リレーショナルデータベース）**や**「NoSQL」**などがあります。昨今のビッグデータ分析やIoTへの取り組みの中で、NoSQLの利用も増えています。

● RDB

　RDBは、**複数のデータを行と列の表形式で表現し、複雑なデータの関係性を処理できるようにしたデータベース**です。RDBは、RDBMS（Relational Database Management System：リレーショナルデータベース管理システム）と呼ばれる専用のソフトウェアで管理されています。

● NoSQL

　NoSQL（Not only SQL）は、**「RDBのようなリレーショナルデータベースではないデータベース」**を表す用語です。そのため、データ構造（どのような形でデータを持つか）にはいくつかの種類があるのですが、**大量のデータを分散させて高速に処理する分散データベース**であることは共通しています。分散させて処理するためクラウドサービスでの実装に適しており、主にビッグデータの分析などで利用されています。
　NoSQLはデータ構造の違いによって、主に、キーバリュー型、カラム指向型、ドキュメント指向型、グラフ型の4つに分類されます。
　キーバリュー型では、データはすべてインデックス付きの値で構成されています。構成がシンプルで拡張性が高く、データの読み込みが高速なのが特徴です。**カラム指向型**は、カラム（列）単位でデータを保持し、カラム単位の大量のデータ集計や更新を得意とし、データの書き込みが高速なのが特徴です。**ドキュメント指向型**は、複雑なデータをドキュメントに格納し、ドキュメント単位でデータを格納、取り出し、管理できます。複雑なデータを扱うアプリケーションの開発に適しています。**グラフ型**は、データ間の関係性をグラフで形成し、横断検索を高速に行えます。

イメージでつかもう！

● RDBとNoSQL

現在、最もよく使われるデータベースの種類はRDBです。昨今のビッグデータ分析やIoTへの取り組みの中で、RDBではないデータベース（NoSQL）を利用するケースも増えています。

RDB

キー	名前	所属
1	田中	営業部
2	鈴木	業務部
3	佐藤	編集部

- データを列と行による表形式で表す。
- データ操作言語にSQLを使用する。
- データの一貫性を厳密に保持する。
- データベースの処理能力向上にはスケールアップ（ハードウェアの機能強化）が基本。

代表的なRDBMS
- Oracle Database ・MySQL
- Microsoft SQL Server ・PostgreSQL

NoSQL

キー	バリュー
K1	AAA,BBB,CCC
K2	AAA,BBB
K3	AAA,DDD

- 主なデータ構造にはキーバリュー型、カラム指向型、ドキュメント指向型、グラフ型がある。
- データ操作言語は製品ごとに異なる。
- 一時的にデータの一貫性がない状態がある（結果整合性）。
- データベースの処理能力向上にはスケールアウト（サーバー台数を増やす）が基本。

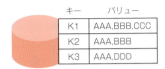

Chapter 3 クラウドを実現する技術

● NoSQLの種類

キーバリュー型　[製品例]・Memcached ・Redis ・Riak

キー	バリュー
K1	AAA,BBB,CCC
K2	AAA,BBB
K3	AAA,DDD

キーとバリュー（値）をペアにして格納するシンプルなデータ構造

カラム指向型　[製品例]・Hbase ・Cassandra

key	column		
	id	name	timestamp
k0001	u0001	hayashi	123456
k0002	u0002	sugiyama	234567
k0003	u0003	ootsu	345678

データをカラム（列）単位でまとめて管理するデータ構造

ドキュメント指向型　[製品例]・MongoDB ・CouchDB

```
{
  "ID" : ObjID("AAA"),
  "title" : "クラウドの基本",
  "author" : "hayashi",
  ……
}
```

XMLやJSONなどのドキュメントデータの格納に特化したデータ構造

グラフ型　[製品例]・Neo4j

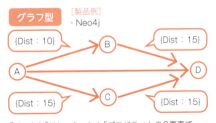

「ノード」「リレーション」「プロパティ」の3要素でノード間の関係性を表現するデータ構造

関連用語　IoT ▶▶▶ p.182　データベースサービス ▶▶▶ p.54　ビッグデータ ▶▶▶ p.180

Chapter 3 データを格納・アクセスする方式

06 ストレージ技術

　ストレージとは、データやプログラムを保存する記録装置のことです。クラウドサービスでは、ブロックストレージ、ファイルストレージ、オブジェクトストレージの3つのデータアクセス方式が提供されています。

・ブロックストレージ

　ブロックストレージは、**ストレージの論理ボリュームを決まったサイズに分割した、ブロック単位でアクセスできるストレージ**です。ストレージへのアクセスにはファイバーチャネル（FC）やiSCSIなどの専用プロトコルを使います。サーバーとストレージ間でデータをやり取りする際のオーバーヘッドが小さいため、高速なデータ転送が可能です。低遅延が求められるデータベースなどで利用されています。

・ファイルストレージ

　ファイルストレージは、**ファイル単位でのストレージアクセスが可能な、ファイル共有の機能を備えたストレージ**です。データ処理は、Windows OSで利用されるSMB（Server Message Block）やCIFS（Common Internet File System）、UNIXやLinux OSで利用されるNFS（Network File System）などのファイル共有プロトコルを通じて、ファイル単位で行われます。NAS（Network Attached Storage）もファイルストレージに該当します。主にファイルサーバーで利用されており、アクセス制御や属性情報の管理がしやすいといったメリットがあります。

・オブジェクトストレージ

　オブジェクトストレージは、**データをオブジェクト単位で扱います**。オブジェクトには固有のID（URI）が付与されていて、データと関連するメタデータで構成されています。オブジェクトストレージは、OSやファイルシステムに依存することなく、データの格納やオブジェクトへのアクセスができます。オブジェクトストレージへのアクセスには、**HTTPプロトコルをベースとしたREST（REpresentational State Transfer）形式のAPI**を利用します。オブジェクトストレージは容易に容量を増やすことができ、データサイズや保存できるデータ数に制限がありません。更新頻度が少ないデータや大量のデータの保管、長期保存などで利用されています。

プラス1　サーバーで頻繁なデータの読み書きが繰り返される場合、データを読み書きする入出力（I/O）処理の負荷が発生するため、I/Oの処理性能の高いストレージが必要になります。

● クラウドストレージの3つのデータアクセス方式

クラウドサービスの性質に合わせて、3つのデータアクセス方式が使い分けられています。一般に、高速なレスポンスが必要な場合はブロックストレージ、通常のファイル共有ではファイルストレージ、インターネット経由でアクセスしたり、更新頻度が少ないデータにはオブジェクトストレージが使われます。

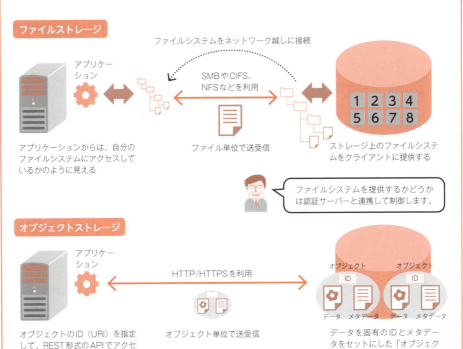

関連用語　API ▶▶▶ p.96　ストレージサービス ▶▶▶ p.50

Chapter 3 独自のIaaS環境を構築するためのソフトウェア

07 IaaSのためのオープンソースのクラウド技術

　実際に自前のクラウドを構築しようと考えたとき、有力な選択肢となるのが**「OpenStack」**(オープンスタック)に代表される**オープンソースのクラウド基盤ソフトウェア**です。OpenStackは、プライベートクラウド構築の基盤としてはVMwareに次いで多く採用されています。パブリッククラウドにおいても、AWSやMicrosoft Azure、Google Cloud Platformなどを除く、多くの主要なクラウドサービスのIaaS基盤に採用されています。

● OpenStackの概要

　OpenStackは、アメリカ航空宇宙局(NASA)の独自クラウド基盤である「Nebula」をベースに、クラウド事業者のRackspaceと共同で開発されたプロジェクトで、現在は完全なオープンソースとして公開されています。2012年9月にはOpenStackの管理団体となる**非営利団体「OpenStack Foundation」**が発足し、2020年10月に**「Open Infrastructure Foundation」**へ改称しています。

　OpenStackプロジェクトの開発体制はコミュニティベースとなっており、「大規模システムにも対応できるスケーラビリティを備え、**特定のベンダーにロックインされない業界標準仕様のクラウド基盤**を開発し、クラウド技術のイノベーションを促進すること」などを指針としています。意思決定のプロセスや開発プロセスはすべてオープンで公開されています。

　OpenStackはApacheライセンス2.0を採用していて、開発したソースコードを完全なオープンソースとして公開しています。**標準開発言語はPython**(パイソン)、標準外部APIはOpenStackの独自APIで**REST API(HTTPベース)**(レスト)**とAmazon EC2/S3互換**、標準OSは**Ubuntu Linux**(ウブントゥ リナックス)となっています。

　OpenStackはたくさんの単独で機能するソフトウェアで構成されています。代表的なソフトウェアとして、ハイパーバイザー制御やベアメタルプロビジョニングを行うNova、仮想ネットワーク制御を行うNeutronなどがあります。

プラス1　Red Hatは、OpenStackをベースにしたエンタープライズ向けの商用版ソフトウェア「Red Hat OpenStack Platform」を提供しています。

イメージでつかもう！

● クラウド基盤ソフトウェアとは

クラウド基盤ソフトウェアはさまざまな仮想化やクラウドの機能を実現するソフトウェアです。KVMやVMware ESXiなどのハイパーバイザー上で稼働します。OpenStackはハイパーバイザー制御やサーバー仮想化の機能を持つNova、ネットワーク仮想化を行うNeutron、運用管理ツールのHorizonなど、たくさんのソフトウェアから構成されています。

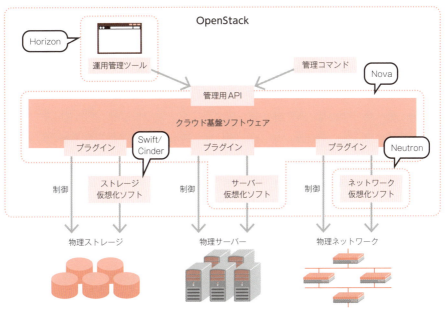

OpenStackはさまざまなコンポーネントの機能を持っており、広く利用されていますので、IaaSを中心とした技術の習得やサービスの実装を考える際には最適な選択肢の1つです。

OpenStackのコンポーネントの例

コンポーネント	説明
Nova	ハイパーバイザーの制御と仮想サーバーの管理
Swift	オブジェクトストレージ機能
Glance	テンプレートイメージとスナップショットの保存・管理

コンポーネント	説明
Keystone	ユーザー認証機能
Horizon	管理用Webダッシュボード機能
Cinder	ブロックボリューム管理
Neutron	仮想ネットワーク機能

関連用語　IaaS ▶▶▶ p.24　ハイパーバイザー ▶▶▶ p.68

Chapter 3　独自のPaaS環境を構築するためのソフトウェア

08 PaaSのためのオープンソースのクラウド技術

　IaaS型のクラウドサービスは、基盤ソフトウェアのオープン化が進んだことで、クラウド事業者間のサービスの機能的な差は小さくなってきています。PaaS型のクラウドサービスにおいても、**オープンソースのPaaS基盤ソフトウェア**が台頭しています。オープンソースのPaaS基盤ソフトウェアは、IaaSとは独立して機能し、AWSやVMware、OpenStackなどの**複数のクラウドサービス上で稼働させることができます**。

　オープンソースのPaaS基盤ソフトウェアは、オープンなWebアプリケーション実行環境に対応し、Ruby、Java、Python、PHPなどの複数の開発言語、Ruby on Rails、Sinatra、Spring Framework、Node.jsなどのオープン標準に準じた開発フレームワーク、MySQL、PostgreSQL、MongoDBなどの複数のデータベースに対応しているのが特徴です。Dockerイメージなどコンテナへの対応も進んでいます。

● 代表的なオープンソースのPaaS基盤ソフトウェア

　代表的なオープンソースのPaaS基盤ソフトウェアとして、**Cloud Foundry**（クラウドファウンドリー）と**OpenShift**（オープンシフト）が挙げられます。ここではCloud Foundryについて説明します。

　Cloud Foundryは、ヴイエムウェアが2011年4月に発表したオープンソースのPaaS基盤ソフトウェアです。Rubyで実装されており、複数の開発言語、開発フレームワーク、データベースに対応しています。2014年12月より、オープンソースプロジェクトとして推進するために、EMC、HP、IBM、Pivotal、SAP、ヴイエムウェア、NTTなどが中心となって**「Cloud Foundry Foundation」を設立**し、Cloud Foundryの普及を推進しています。

　Cloud Foundry Foundationでは、Cloud FoundryとKubernetesの統合を目指す「Cloud Foundry Container Runtime（CFCR）」プロジェクトを進めるなど、Cloud FoundryのKubernetes対応が拡大しています。

イメージでつかもう！

● PaaS基盤ソフトウェアとは

Cloud FoundryなどのPaaS基盤ソフトウェアは、PaaSの機能を提供するたくさんのソフトウェアから構成されます。IaaSとは独立して動作するので、AWSやVMware、OpenStackなどいろいろなクラウドサービス上で稼働させることができます。

● PaaS基盤ソフトウェアの利用

Cloud Foundryを例とした、PaaS基盤ソフトウェアの概念図です。内部ではさまざまな仕掛けが動いていますが、ユーザーがそれを知る必要はありません。コードをクラウドに展開するだけで、アプリケーションを実行できます。

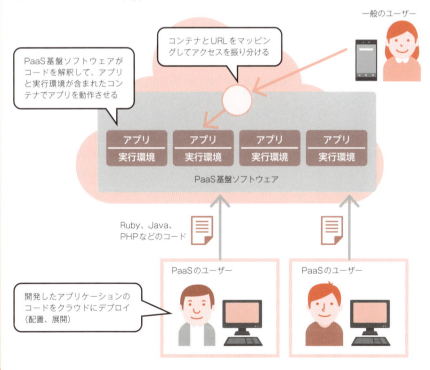

関連用語　Docker ▶▶▶ p.70　OpenStack ▶▶▶ p.78　PaaS ▶▶▶ p.22

Chapter 3 柔軟な構成変更や安全な通信を実現する

09 ネットワークの仮想化技術

　クラウドを実現するには、ネットワークにも物理的な構成に縛られない柔軟性が求められます。そのために重要な VLAN、VPN、NFV の技術について紹介します。

- VLAN

　VLAN(Virtual LAN) は、**1 つの物理的なネットワークを、複数の論理的なネットワークに分割する技術**です。物理的な配線を変更することなく、ネットワーク機器への設定だけでネットワークを分割できます。論理的に分割したネットワーク同士は、ルーターを介さなくてはやり取りできなくなります。これにより**組織単位でネットワークを分割すれば、組織内に限定したデータのやり取りを行うことができます**。クラウドサービスやデータセンター間で VLAN を利用することで、プライベートな環境を構築することができます。

- VPN

　VPN(Virtual Private Network) は、インターネットのような不特定多数が利用するネットワークの上で、**仮想的に専用線のようなプライベートネットワーク接続を行う技術**です。クラウドとユーザー企業のオンプレミスシステム間をインターネットを介して VPN で接続するには、IPsec(アイピーセック) というプロトコルが用いられます。IPsec を利用することで、通信する拠点の認証、通信データの暗号化が行われ、拠点間の安全な通信が実現します。

- NFV

　NFV(Network Functions Virtualization) は、**ネットワーク機能をソフトウェアで実現し、仮想サーバー上で構築する技術**です。ルーターやゲートウェイ、ファイアウォール、ロードバランサーなどのネットワーク機器の機能を、仮想サーバー上にアプリケーションソフトとして実装します。従来のネットワークでは、ネットワーク機能の多くは専用のハードウェアと一体化したネットワークアプライアンスとして提供されていました。NFV では専用のハードウェアを使わずにネットワーク機能を実現することで、ハードウェア機器を代替することができ、**ネットワーク機器の需要や構成変更などにも柔軟に対応**できます。

イメージでつかもう！

● ネットワークの主な仮想化技術

クラウドサービスを支えるネットワークでも仮想化技術が使われています。これらの技術を利用することで、物理構成に関係なく、迅速なネットワークの構成変更が可能になります。

VLAN VLANでは物理的な接続に関係なく、論理的にネットワークを自由に分割できます。

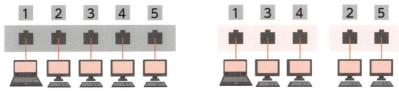

VLANは管理者がスイッチに対して設定します。

1、3、4番をVLAN10に、2、5番をVLAN20に設定

VPN（IPsec VPN） ネットワークの上に通信のトンネルを作り、仮想的な専用線のように通信します。

IPsec VPN対応ルーターなど

クラウドサービス事業者のVPN機能

悪意を持つ第三者によるデータの盗聴、改ざん、なりすましを防ぐことができます。

NFV ネットワーク機能をソフトウェアで実現することで、ネットワークの構成変更などに柔軟に対応します。

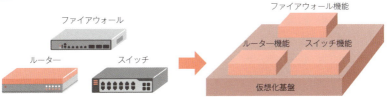

ファイアウォール
ルーター
スイッチ

従来のネットワーク機器は、ソフトウェアとハードウェアが一体化している

ファイアウォール機能
ルーター機能
スイッチ機能
仮想化基盤

ネットワーク機能を、仮想化基盤上でソフトウェアとして実現する

関連用語　ネットワークサービス ▶▶▶ p.52

Chapter 3 ソフトウェアからネットワークを制御する

10 SDN

　サーバー仮想化やクラウドの急速な進展に伴い、システムの統合管理や運用自動化が進む一方で、ネットワークは従来のハードウェアごとの運用管理のままであるのが現状です。しかし、**サーバー仮想化やクラウドはネットワークトラフィックの急速な増減やルートの変更を引き起こす**ため、それに対応するためのネットワークの増設や変更、運用の自動化が大きな課題となっています。

　これらの課題を解決し、ネットワークの柔軟な変更を実現すると期待されているのが、ネットワークを仮想化し、ネットワーク構成や機能設定などをソフトウェアによってプログラマブルに行える**「SDN(Software Defined Networking)」**です。

● SDNの概要

　SDNのコンセプトは、従来はネットワーク機器ごとに持っていた**通信の転送機能（データプレーン）と制御機能（コントロールプレーン）を切り離し、制御機能をコントローラーに論理的に集中させて、データの流れをソフトウェアで定義**しようというものです。サーバー仮想化と同じように、物理ネットワークは抽象化され、1つの物理ネットワークの上に、コントローラーごとに複数の仮想ネットワークを構築するといったことも可能になります。

　SDNの登場により、スイッチやルーターなどのネットワーク機器は、OS、ミドルウェア、アプリケーションが統合された垂直統合型のアーキテクチャから、**各機能レイヤーを分離してオープンなインターフェースでつなぐアーキテクチャ**へとシフトしています。

　SDNの普及が進むと、ネットワーク機器はコントローラーが集中制御するようになり、ユーザー企業は**ネットワークの稼働状況や運用に合わせて、ソフトウェアによって柔軟にデータの転送経路の変更が行えるようになる**と期待されています。また、仮想サーバーで稼働しているOSやソフトウェアを停止させずに、そのまま別のデータセンターにある物理コンピューターに移動させるライブマイグレーションに追随してネットワーク構成を柔軟に変更できるようになるなど、データセンター間のリソースの有効活用も可能となります。

プラス1　SDNをWANまで適用し、ユーザー企業自身が主体的に柔軟で拡張性の高い企業ネットワークの構築や運用を行えるSD-WAN（Software Defined WAN）が注目を集めています。

イメージでつかもう！

● SDNとは

従来型のネットワーク機器は、1台の中に通信の転送機能と制御機能を両方備えています。

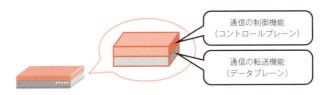

そのため、従来のネットワークでは、管理者が1台ごとに機器を設定して通信の経路制御を行う必要がありました。また、通信の種類ごとに経路を分けるといったことも困難でした。

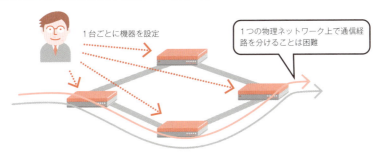

SDNは、通信の制御機能と転送機能を分離します。ハードウェアには転送機能のみを持たせ、コントローラーから動的に制御するようにします。これにより、物理的なネットワークリソース上で、複数の仮想ネットワークを構築するといったことも可能になります。

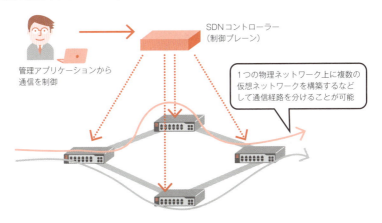

関連用語　ネットワークサービス ▶▶▶ p.52

Chapter 3 　末端でデータを処理し、クラウドの弱点を補う

11　エッジコンピューティング

　エッジコンピューティングとは、クラウド側ではなくスマートフォンなど**末端のデバイスに近いエリア（エッジ側）にサーバーを分散配置し、そのサーバーで末端のデータを処理する**コンピューティングモデルです。クラウドコンピューティングがサーバーを集約して集中処理をするのに対して、末端で分散処理を行うものといえます。

　クラウドコンピューティングが進展していく中で、IoTをはじめアプリケーションの種類によっては、すべてのデータをクラウド側に集約して処理させるには向かないものも増えてきました。たとえば、末端のデバイスで収集したデータをネットワークの向こう側にあるクラウドに転送する際には、ネットワークの遅延や障害が生じる可能性があります。つまり、処理のリアルタイム性や高信頼性といった要求を満たせないケースも想定されます。

　エッジコンピューティングは、クラウドサービスの障害やネットワーク遅延などの影響を回避し、**エッジ側での低遅延によるリアルタイムなデータ処理**や**高信頼性が要求されるケース**に効果を発揮します。

● エッジコンピューティングに注目が集まる背景

　エッジコンピューティングに注目が集まる背景として、収集されるデジタルデータの爆発的な増加と、低遅延での通信が求められるリアルタイムアプリケーションの利用の拡大が挙げられます。たとえば、工場の製造ラインの機械制御にはミリ秒単位でのレスポンスが要求されますが、このようなケースではクラウドではなく工場内にあるサーバーで処理する必要があります。また、コネクテッドカーや自動運転車は、自動車から生成される映像データや走行データ、地図データなど、さまざまなデータのリアルタイム処理が必要となります。これらの処理には低遅延でデータ処理が行えるエッジコンピューティングの活用が不可欠です。

　現場で利用できるデバイスの高度化／小型化や、低消費電力化／低コスト化もエッジコンピューティングの普及を後押ししています。データ収集用のセンサーに加え、データ処理用のCPUやGPUを搭載し、高速な機械学習や画像処理、データ蓄積も可能な**エッジコンピューティング用デバイス**も登場しています。

イメージでつかもう！

● クラウドの弱点を補うエッジコンピューティング

末端のデバイスの近くでデータを処理するエッジコンピューティングは、クラウドとの相補関係にある技法です。低遅延によるリアルタイムなデータ処理や高信頼性が要求されるケースに効果を発揮します。

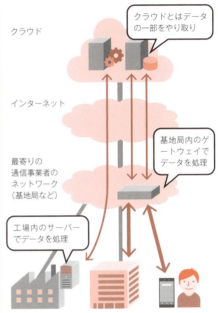

クラウドのサーバーで集中処理する

末端のデバイスに近いエリアに置かれたサーバーで分散処理する

● データをクラウドで処理する場合の問題点

- 通信データが膨大になると、ネットワークの帯域を圧迫する。また、回線利用料などの費用が増大する
- クラウドのサーバーと距離的に離れている場合は、応答に数百ミリ秒かかることがある
- ネットワークに障害が発生し、データが処理できなくなることがある
- セキュリティポリシーやクラウドサービスが提供される国や地域の都合で、クラウドにデータを送れないことがある

関連用語　GPU ▶▶▶ p.90　　IoT ▶▶▶ p.182　　機械学習 ▶▶▶ p.60　　自動運転車 ▶▶▶ p.184

Chapter 3 プライベートクラウドを構築するときの選択肢

12 ハイパーコンバージドインフラ

　ユーザー企業が仮想化基盤やクラウド基盤をよりシンプルに導入するための選択肢として、ハイパーコンバージドインフラへの注目が高まっています。ハイパーコンバージドインフラとは、**クラウドサービスの基本機能をパッケージで提供する製品**です。

● コンバージドインフラとは

　ハイパーコンバージドインフラを理解するために、まず、**コンバージドインフラ**について説明します。コンバージド（converged）とは、1つにまとまるという意味です。コンバージドインフラは、**サーバーやネットワーク、ストレージ、ソフトウェア（ハイパーバイザーや運用管理ツール）などをパッケージに統合した製品**で、**垂直統合型システム**とも呼ばれています。コンバージドインフラは、メーカーがあらかじめサーバーやストレージなどの互換性を検証した、最適化された推奨構成で出荷されます。コンバージドインフラは、構築方法が確立され、ドキュメント化されているため、短期間で導入でき、安定した稼働ができます。また、1つのパッケージ製品として問い合わせやサポート窓口が一本化されているといったメリットがあります。

● ハイパーコンバージドインフラとは

　ハイパーコンバージドインフラは、**ソフトウェアベースのサーバーやネットワーク、ストレージなどのコンポーネントを統合した製品**です。サーバーやネットワーク、ストレージをモジュール単位で構成し、ソフトウェアで全体のシステム構成の設定や構成方法を変更できるなど、運用効率に優れています。共有ストレージは持たずに、複数のサーバーを統合して、サーバー内蔵のストレージで**仮想的な共有ストレージを構築**できます。サーバーやストレージなどのリソースの拡張性が高く、バックアップソフトやWAN最適化などのコンポーネントを追加することもできます。

　ハイパーコンバージドインフラも、コンバージドインフラ同様、1つのメーカーやベンダーでサポートされ、**全体を1つのシステムとして管理する**ことができます。また、アーキテクチャーがシンプルで、自社のプライベートクラウドで、ユーザー管理ポータルを持つ仮想化基盤やクラウド基盤を簡単な設定で構築することができます。

> **プラス1** ハイパーコンバージドインフラ製品では、Nutanix（ニュータニックス）がマーケットのシェアをリードしています。

イメージでつかもう！

● コンバージドインフラとハイパーコンバージドインフラ

コンバージドインフラは、サーバー機器やネットワーク機器、ストレージ機器、管理用機器を1つにまとめ、あらかじめメーカーで検証し最適化した製品です。ハイパーコンバージドインフラは、コンバージドインフラと同様のコンセプトをソフトウェア（仮想化）で実現します。

サーバーラック

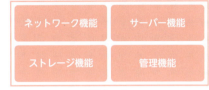
物理サーバー

● シンプルで拡張しやすいことがハイパーコンバージドインフラのメリット

ハイパーコンバージドインフラでは、サーバーやネットワーク、ストレージをモジュール単位で構成し、ソフトウェアで全体のシステム構成の設定や構成方法を変更することができます。仮想サーバーの配置から、ハードウェアとソフトウェアのアップデート、動作検証などを統合的に行えます。

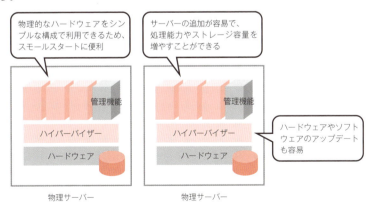

関連用語　オンプレミスプライベートクラウド ▶▶▶ p.28　プライベートクラウド ▶▶▶ p.26

Chapter 3 ディープラーニングで活躍する高速演算装置

13 GPU

機械学習やディープラーニング（深層学習）の適用領域拡大に伴い、半導体メーカーのNVIDIA（エヌビディア）などが開発する**「GPU(Graphics Processing Unit)」**に注目が集まっています。GPUはもともと画像処理を高速に行うために開発されたものですが、GPUを機械／深層学習などの汎用計算に応用する**「GPGPU(General-purpose computing on GPU)」**が広がってきたためです。

● CPUとGPUの違い

パソコンに搭載されているCPUは、演算器である**コア**を数個〜数十個しか持ちませんが、分岐予測などの機能を備え、命令処理を実行する回路を複数持つことで、連続的で条件分岐が多い複雑な命令を逐次実行することを得意とします。この特徴から、**CPUはOSのような複雑なプログラムの処理に適しています。**

一方、GPUは、数十個〜数千個ものコアを持ち、同じ処理を複数のコアに割り当てて並列処理を行うことができるため、大量の単純な計算を処理するのを得意とします。この特徴から、**GPUは大量の単純な計算が要求されるディープラーニングに適しています。**

● GPUの活用分野

GPUは、自動運転車や製造分野での工場の自動化、ゲノム解析をはじめとするバイオヘルスケア分野など、機械／深層学習を利用する幅広い分野でのスーパーコンピューティング基盤で活用が進んでいます。

これまでは、産業技術総合研究所（産総研）などの政府機関が、研究所内に設置するAI専用のスーパーコンピューティング基盤として利用してきました。最近では、民間企業においてもクラウドサービスで提供されるGPUサーバーを活用するケースが出てきています。大量のデータをもとに文章や画像などを作成する生成AIは、大量のデータの計算を繰り返し行うため、その基盤としてGPUの活用が進んでいます。

イメージでつかもう！

● CPUとGPUの違い

CPUとGPUは得意とする処理が異なります。GPUは、単純で膨大な演算処理が必要なコンピューターグラフィックスやディープラーニングなどで活躍します。

CPU

- コア（演算器）を数個～数十個持っている。
- 分岐予測や命令スケジューリングといった機能を備え、命令を実行する回路を複数持っているため、連続的で条件分岐の多い複雑な命令を逐次実行するのが得意。
- OSのような複雑なプログラムの処理、汎用的なプログラムの処理に適している。

GPU

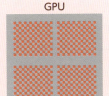

- コア（演算器）を数十個～数千個持っている。
- 同じ処理を複数のコアに割り当てて並列処理することができ、大量の単純な計算を処理するのが得意。
- 大量の単純な計算が要求されるディープラーニングや物理シミュレーションなどに適している。

ディープラーニングの畳み込み演算の例

入力データ（たとえば画像）に対してフィルターを適用し、乗算して足し合わせるという操作を順次行っていく。ディープラーニングではこのような単純な計算が膨大に必要となるため、並列的な数値演算を高速に行えるGPUが求められる。

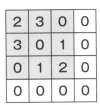 × ➡

(2×0)＋(3×1)＋(0×2)＋(3×2)＋(0×0)＋(1×1)＋(0×1)＋(1×2)＋(2×0)

入力データ　　フィルター　　出力データ

 機械／深層学習の用途拡大に対応するため、クラウドサービス事業者各社は、GPUコンピューティング環境の提供に力を入れ始めています。AWSやマイクロソフト、グーグルなど海外の主要事業者のほか、国内の事業者ではNTTコミュニケーションズ、IDCフロンティア、さくらインターネット、GMOクラウドがGPUを活用したクラウドサービスを提供しています。

Chapter 3　クラウドを実現する技術

関連用語　機械学習 ▶▶▶ p.60　自動運転車 ▶▶▶ p.184

Chapter 3　安全な運用のためにさまざまな対策がなされている

14 データセンター

　クラウドサービスを支えるサーバーやネットワーク機器などは、安全な運用に適した建物である**データセンター**に設置されています。ここでは、一般的なデータセンターの中身がどうなっているのかを見てみましょう。

　まず、データセンターの所在地としては、**震災や津波などの災害リスクが少なく、地盤の硬い場所**が選ばれています。また、多くのデータセンターは、大規模な地震に備えて、**耐震構造や免震構造の建物**となっています。

　データセンターの建物内には監視カメラがあらゆるところに備え付けられていて、また、有人によるチェックと複数の認証システムを組み合わせて**入退館の管理を厳重に行っています。**

　データセンターは、クラウドサービスの基盤だけでなく、ユーザー企業の重要なシステムやデータを扱っているため、専門の運用管理者が 24 時間 365 日体制で運用にあたっています。

　サーバーやネットワーク機器などを安定稼働させるために、サーバールームは適切な空調管理や湿度管理が行われ、電力や通信回線が冗長化されています。電力については、UPS（無停電電源装置）と自家発電装置などを備えており、災害など不測の事態にも継続的に稼働できるように対策がなされています。

　このように、データセンターは、**大量のサーバーやネットワーク機器などの稼働と空調管理のために、膨大な電力を消費**します。しかし、電気料金は値上がり傾向が続いており、また、環境への配慮が求められる中で、データセンターの空調、電源などの設備に対する省エネ施策が進められています。たとえば、外気でサーバーの発熱を冷却する外気空調を採用するなどして空調の電力量を抑え、環境負荷を低減しています。

　データセンターの電力効率を示す指標として、**PUE（Power Usage Effectiveness）** があります。PUE は、「データセンター全体の消費電力÷IT 機器による消費電力」により算出され、1.0 に近いほど電力効率の良いデータセンターとなります。日本における標準的なデータセンターの PUE は、1.8 から 2.0 程度となっています。

プラス 1　人工知能の進展に伴い、膨大なデータを超高速処理する超高発熱のサーバーを搭載可能な、最大発熱量 30kW/ ラックに対応したデータセンターも出てきています。

イメージでつかもう！

● クラウドサービスの基盤を支えるデータセンター

クラウドサービスのベースとなる物理サーバーやネットワーク機器などは、データセンターに設置されています。データセンターは災害時にも継続して稼働できるような設備を備えています。

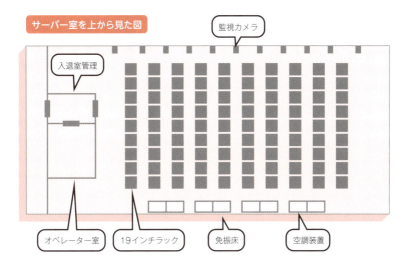

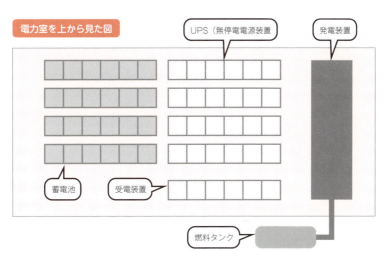

関連用語　クラウドの安全性と信頼性 ▶▶▶ p.34

Chapter 3 クラウドのサービスを前提に構築するシステム

15 サーバーレスアーキテクチャー

　クラウドサービスの普及により、高速で柔軟なコンピューティング環境を、セルフサービス型の従量課金の体系で利用できるようになっています。

　こうした環境の中で、クラウド事業者の提供するサービスでは、**「マイクロサービスアーキテクチャー」**と呼ばれるアーキテクチャーモデルの採用が進んでいます。マイクロサービスアーキテクチャーとは、**1つのアプリケーションを小さなサービスの集合体として構築する手法**のことで、個々のサービス同士が **API(Application Programming Interface)** のようなシンプルな方法で連携して動作するものです。クラウド事業者の提供するサーバーやストレージ、データベース、ネットワークなどのサービスは、単体で機能しますが、複数の独立したコンポーネントで構成されており、それぞれのコンポーネントが互いに疎結合で動作して全体の機能を実現します。

　クラウド事業者にとっては、**コンポーネントごとの開発を行うことで、サービス開発の迅速性が高められる**とともに、必要に応じて必要な機能の**コンポーネントの追加や入れ替えなどを行う**ことが可能となります。

● サーバーレスアーキテクチャー

　ユーザー企業や開発者にとっては、マイクロサービスによって構成されたクラウドサービスの各コンポーネントを組み合わせ、かつ API を経由して連携することで、独自のアプリケーションやサービスの開発、システム構築などが可能となります。このとき、クラウドのサービスが**フルマネージド**（環境構築やセキュリティパッチの適用、バックアップの取得などをすべてクラウド事業者が行う）のものであれば、ユーザーはサーバーの存在を一切意識することなく、アプリケーションを稼働することができるようになります。これを、**サーバーレスアーキテクチャー**と呼んでいます。また、サーバーレスアーキテクチャーによるクラウドサービスのことを「**FaaS(Function as a Service)**」（ファース）と呼んでいます。

　今後は、クラウドサービスの各コンポーネントと連携したり、個々の機能を組み合わせたりすることでサービスを開発する手法や、情報システムの設計と構築が進んでいくと思われます。

> **プラス1** FaaS 関連のサービスでは、AWS の「AWS Lambda」、マイクロソフトの「Azure Functions」、グーグルの「Google Cloud Functions」などがあります。

イメージでつかもう！

● サーバーレスアーキテクチャとは

「サーバーレス」とは、クラウド事業者にサーバーの運用管理を完全に任せることで、ユーザー企業の立場からはサーバーの存在を意識しなくなるということです。

オンプレミス	クラウドの仮想サーバー	クラウドのフルマネージドサービス

サーバーのハードウェアからサーバープログラムまでユーザーが自分で管理する	サーバーのハードウェアは事業者に任せて、ユーザーはサーバープログラムを管理する	サーバーのハードウェアもサーバープログラムも事業者に管理を任せる。ユーザーはサービスの機能を利用することだけを考えればよい。
← サーバーの存在を意識する →		← サーバーの存在を意識しない →

● クラウドのサービスを組み合わせてアプリケーションを開発

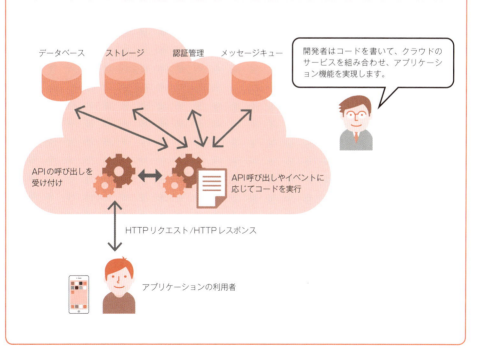

開発者はコードを書いて、クラウドのサービスを組み合わせ、アプリケーション機能を実現します。

関連用語　API ▶▶▶ p.96　クラウドネイティブアプリケーション ▶▶▶ p.108

COLUMN

API

　多くのクラウド事業者が提供するクラウドサービスには、API（Application Programming Interface）が用意されています。APIとは、あるプログラムの持つ機能やリソースを、外部の他のプログラムから呼び出して利用するためのコマンドや関数、データ形式などを定めた規約のことです。サーバーなどのインフラを仮想化することの大きなメリットの1つが、APIを利用したプログラムによる操作が可能になることです。

　クラウドサービスの場合、たとえば仮想サーバー用に用意されたAPIを使ってプログラムを書くことで、仮想サーバーの作成や停止といった操作を、人手を介さずにプログラムから直接コントロールできます。APIは仮想サーバーだけでなく、ストレージやデータベースなど、多くのサービスに用意されています。

　クラウドサービスによっては、複雑なAPIを操作するためのコマンドラインツールや、開発用のSDK（Software Development Kit）が用意されている場合もあります。また、Amazon API Gatewayに代表されるように、複数のサービスの機能を一元的に管理できるAPIゲートウェイが用意されている場合もあります。

　クラウド事業者はAPIを公開することで、サードパーティのプログラムが持つ運用管理機能やセキュリティ機能などをAPI経由で連携させることができ、ユーザー企業の多様なニーズに対応することができます。

　ユーザー企業や開発者にとっては、APIを利用して外部のプログラムからクラウドサービスを操作することで、システムの構築や運用管理の自動化ができ、構築期間の短縮やコスト削減、運用負荷の軽減につなげることができます。

　今ではユーザー企業の多くで複数のクラウドサービスを利用するハイブリッドクラウドの採用が進んでいますが、クラウド管理プラットフォームを利用して、複数のクラウドサービスをAPI経由で一元管理するといったケースも増えています。

Chapter

4

クラウド導入に向けて

ここまでの内容を踏まえて、企業が実際にクラウドサービスを利用してシステムを移行する際に、どのような準備が必要で、どのようなことに気をつけるべきかを解説していきます。

Chapter 4 主に4つの観点から検討する

01 クラウド導入の目的を明確にする

　クラウドサービスの導入にあたっては、自社のビジネスの業務にメリットがあるかどうか、クラウド導入の目的を明確にする必要があります。

　よくある目的としては、**経営の効率性改善、コスト削減、事業の拡大や課題解決、業務プロセス改善、新たなビジネスモデルの構築、グローバル展開の加速**といったものが挙げられます。以下のような観点からクラウド導入の目的を明確化するとよいでしょう。

・経営の効率性の改善

　クラウドサービスの導入により、経営の見える化や、事業構造の変化への対応、自社の強みへの集中、運用管理の一元化など、**経営の効率性の改善につながる点を評価しておくことが必要です**。また、新しいビジネスへ参入する際にもクラウドの活用が有効です。

・コストメリット

　クラウドサービスの導入により、**どの程度のコスト削減ができるのか、投資対効果はあるのか**といった検討が必要です。

・業務の課題解決、プロセス改善

　クラウドサービスの導入により、たとえば、**これまで顧客へのレスポンスが遅かったりサービスの立ち上げが遅れていたりといった問題への解決が見込める**、などの効果を整理しておくとよいでしょう。また、どのような業務プロセスが自動化され、改善されるのかといった、プロセスの改善効果も整理しておきます。

・社員のシステム利用環境の改善

　社員のシステム利用環境の改善として、社員間の情報共有といった**社員同士のコラボレーション**、顧客への情報提供といった**顧客とのコラボレーション**、パートナーとのサービス連携やサプライチェーン構築といった**パートナーとのコラボレーション**など、それぞれの立場でのコラボレーション強化についても整理しておくとよいでしょう。

> **プラス1** クラウドの導入目的やメリットは、経営者、情報システム担当者、社員、お客様、パートナーなど、それぞれの立場でも異なってきます。

イメージでつかもう！

● クラウドの導入にあたって、導入目的を明確化する

クラウドの導入は、目的ではなく手段です。クラウドを導入することで、自社のビジネスにどのようなメリットがあるのかを最初に明らかにしておきます。主なメリットは4つあります。

経営の効率性の改善

Q 経営の見える化や、生産性向上につながるか？

<例>
- 企業経営のコントロールの強化
- 売上状況のリアルタイムの可視化
- 30日で新しいビジネスへの展開

コストメリット

Q どの程度コストが削減されるか？
投資対効果はあるか？

<例>
- オンプレミスシステム比3年で30％削減
- 海外拠点の展開で高度なIT人材を雇用せずに済む

業務の課題解決、プロセス改善

Q どのような業務の問題が解決されるか？
どのように業務プロセスが自動化、改善されるか？

<例>
- 海外ビジネス展開の円滑化
- システム運用保守の自動化
- 運用保守人材のコア業務へのシフト

社員のサービス利用環境の改善

Q 社員間の情報共有などのサービス利用環境が改善されるか？
社員やパートナーとの協働の強化につながるか？

<例>
- 社員が社外からさまざまなデバイスで業務システムにアクセス可能に

関連用語　クラウドの利用パターン ▶▶▶ p.162　大企業での活用 ▶▶▶ p.40　中小企業での活用 ▶▶▶ p.38

Chapter 4 計画からプロジェクトの管理まで主導する

02 クラウドの導入にあたっての推進体制

　クラウドサービスを導入するにあたっては、情報システム部門が中心となり、導入（移行）計画を立て、プロジェクトの体制を整備したうえで、実行していくことが重要です。

● プロジェクトの推進者の役割

　プロジェクト実施にあたっては、CIO（最高情報責任者）などの情報システム部門の責任者が**プロジェクトの推進者を任命し、その推進者を中心として導入（移行）計画からプロジェクト管理までを行っていきます**。

　プロジェクトの推進者は、CEO（最高経営責任者）、CSO（最高セキュリティ責任者）、CFO（最高財務責任者）などの経営陣に対して、**経営やIT、セキュリティ、そして財務面での説明を行う**必要があります。

　プロジェクトの推進者は事業部門とのやり取りも必要です。クラウドサービスを導入すれば、さまざまなメリットが期待されますが、これまでの情報システムの刷新を図るケースが多く、業務内容の変更や、自社でシステムを持たないことのリスク、セキュリティへの不安など、さまざまな理由から導入に反対する抵抗勢力が出てくる場合もあります。そのため、**推進者がうまく全体の調整を行いながら導入を進めていく**ことが重要になります。

　情報システム部門は、これまでは各事業部門からの要望や仕様要件に合わせて、システム構築や運用保守といった業務を行ってきたケースが多いと思われます。クラウドの導入を進めるにあたっては、これまでの受け身的な業務と同じではなく、プロジェクト全体の旗振り役となり、事業部門の業務改善や新しい事業の展開を積極的に支援していくことが重要となるでしょう。

　なお、上記のような正規のルートとは別に、営業部や総務部などの各事業部門が、**独自の判断で自社の経費としてSaaSなどを導入するケース、いわゆる「シャドーIT」と呼ばれるケース**も目につくようになっています。クラウドサービスの導入にあたっては、情報システム部門が各事業部門と連携することで、全社の情報システムの最適化や、運用管理の一元化をしっかりと講じていく必要があるでしょう。

> **プラス1** 最近では、データ活用やデジタルビジネス戦略を推進する責任者のことを、CDO（最高データ責任者、最高デジタル責任者）と呼んでいます。

イメージでつかもう！

● クラウドの導入は、情報システム部門が中心となって進めていく

クラウドを導入することで、さまざまなメリットが期待されますが、これまでの情報システムの刷新となるケースが多くあります。そのため、経営陣や事業部門に対して、推進役を中心に調整をしながら導入を進めていくことが重要です。

経営陣

CEO（最高経営責任者）
CSO（最高セキュリティ責任者）
CFO（最高財務責任者）
など

攻めの経営、経営の見える化、生産性向上、コスト削減……

↑ 経営陣への説明

情報システム部門

CIO（最高情報責任者）などによって任命され、導入計画からプロジェクト管理まで行う

クラウド導入の推進役

・クラウドサービスの導入を進める
・全社の情報システムを最適化する
・情報システムの運用方針を定めて社内に守らせる

↓ グループ企業、事業部門の情報システムの最適化や運用管理の一元化

事業部門

・CRMや会計システムなど、部門独自の判断で、自社の経費でSaaSを導入
・会社に承認されていないDropboxなどのSaaS型ストレージサービスの利用
・業務内容が変更になることへの抵抗

独自に導入したSaaS

関連用語　情報システム部門 ▶▶▶ p.106

Chapter 4 技術からライセンスまで検討すべきことは多い

03 クラウドへの移行にあたっての課題を整理する

1章で説明したとおり、クラウドには多くのメリットがありますが、**実際にユーザー企業の情報システムをクラウドサービスに移行しようとすると、さまざまな課題について考えなくてはなりません**。

どのシステムをクラウドサービスに移行するのか、これまで蓄積してきたデータをどのように移行するのか。また、移行するシステムと社内の既存の情報システムを、どのような技術を使ってどのように連携させるのか、連携・統合することは技術的に可能なのか、といった要件を検討していく必要があります。

● クラウドへの移行にあたってよくある課題

クラウドへの移行にあたって課題となることが多いのが、**オンプレミスシステムからクラウドサービスの仮想サーバーへ移行させる場合の対応**です。たとえば、ERP（統合基幹業務システム）などの高性能、かつ、高可用性なシステムが必要とされるソフトウェアを利用する場合は、クラウド側で高速なストレージが必要となります。また、クラウドと自社を接続するネットワークへの負荷がかかるため、広帯域なネットワークサービスを選択したり、通信の遅延を抑えるために物理的に近いリージョンのクラウドサービスを選択するなどの対応も必要となります。

オンプレミスシステムで利用していたソフトウェアライセンスが、クラウドサービスで利用できない場合もあります。現在のソフトウェアがライセンス的に移行可能なものか、移行した場合でも問題なく動作するのか、事前の検証が必要です。クラウドサービスに移行できないシステムがある場合は、**クラウドサービスとオンプレミスシステムのハイブリッド**になるかもしれません。その場合、システム連携の構造が複雑になり、対応すべき工数が増え、運用コストがかかるリスクも想定されます。

クラウドサービスに移行する場合は、さまざまな課題を洗い出して検証し、それらをクリアしたうえで導入を進めていくことが望ましいでしょう。すべてのシステムを一度に移行することは困難な場合があり、オフィス系のツールやグループウェアなどの情報共有系のツールから導入し、業務内容と直接かかわる販売や在庫管理、財務などを扱う基幹系システムの領域へと移行を進めていくのが一般的です。

プラス1 オンプレミスシステムから大量のデータをクラウドに迅速に移行するために、ストレージアプライアンスを使ってデータを運ぶケースも出てきています。

イメージでつかもう！

● クラウドサービスへ移行する際に検討する要件

- どのシステムをクラウドサービスに移行するのか？
- これまで蓄積してきたデータをどのように移行するのか？
- 移行にはどのような技術を使うのか？
- どのように既存のシステムと連携させるのか？
- 連携・統合することは技術的に可能なのか？

● オンプレミスシステムからクラウドの仮想サーバーへ移行する場合の課題

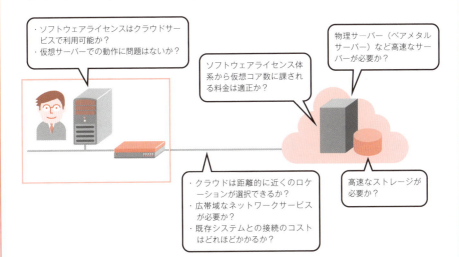

● サーバーの用途によって求められる要件

関連用語　ERP ▶▶▶ p.174　オンプレミスシステム ▶▶▶ p.30　仮想サーバー ▶▶▶ p.46　リージョン ▶▶▶ p.48
リフト＆シフト ▶▶▶ p.56

Chapter 4 クラウド導入後の展開までを考えておく

04 導入から自社システム最適化までのロードマップ

　クラウドサービスの導入にあたっては、導入効果を明確にし、長期的な拡張を見越した設計を考慮する必要があります。さらには、**自社システムの最適化にまでつながるロードマップ**を考えておくことが大切です。ロードマップを考えるといってもピンと来ないかもしれません。そこで、ここではクラウドサービスの導入から自社システム最適化までの典型的なステップ例を紹介します。

　まずは、自社内で利用されている情報システムの活用状況を洗い出し、情報システムの標準化を進めます。具体的には、自社内で利用されている**情報システムのハードウェア、OS、ソフトウェア、データなどの統一**を進めます。

　次に自社でバラバラに運用されていたり、リソースが余っていたりする**サーバーやストレージなどの統合**を行います。その際、サーバー仮想化によるサーバーの稼働効率向上を進めます。クラウドへの移行が自社の運用上できない場合でも、オンプレミスシステムにおいてサーバーの統合や仮想化への対応を進めるとよいでしょう。

　そうしてクラウドサービスの導入を進めていきます。クラウドにはさまざまな効果がありますが、特に**システム構築のセルフサービス化と、運用の自動化による運用担当者の稼働の削減**などが見込まれます。

　企業の情報システムでクラウドサービスを利用するとなると、インターネットVPNを構築したり、VPN網や専用線などの閉域ネットワークを採用するなど、**クラウドの利用を前提としたネットワーク設計**が重要となってきます。クラウドを中心としたネットワーク設計が進んでいきます。

　企業の情報システムに、オンプレミスシステム、パブリックおよびプライベートクラウドの環境が混在するようになると、これらのクラウドを連携させる**ハイブリッドクラウド化**が進んでいきます。

　ハイブリッドクラウド化が進んでいくと、サーバーやストレージなどのIaaS層だけでなく、**データベースやセキュリティなど、さまざまなクラウドサービスと連携が進んでいきます**。これにより、システムの全体最適化や、企業グループでの共通プラットフォームとしての利用など、最適化が進んでいくことになります。

プラス1　クラウド導入にあたってのネットワークの最適化の目的には、セキュリティの向上や、トラフィック容量の拡大、ネットワークパフォーマンス向上などが挙げられます。

イメージでつかもう！

● クラウドサービスの長期的な拡張を見越したロードマップの例

クラウドの導入は、自社の情報システムの形を大きく変えるきっかけとなります。クラウド導入前、導入後に何を行っていくのか、ロードマップを考えておきましょう。

1 情報システムの標準化
自社内で利用されている情報システムのハードウェア、OS、ソフトウェア、データなどの統一を進めます。

2 サーバー、ストレージの統合／サーバーの仮想化
バラバラに運用されていたり、リソースが余っていたりするサーバー、ストレージを統合します。その際にサーバーの仮想化も検討します。

3 クラウド化
クラウドサービスの導入を進めます。

4 ネットワーク適正化
クラウドとオンプレミスの接続など、クラウドを中心としたネットワークの設計・構築を進めます。

5 クラウド間、クラウドとオンプレミス間の連携（ハイブリッドクラウド化）
オンプレミスシステム、クラウドの連携を進めます。

6 企業グループ全体でのシステムの最適化
ハイブリッドクラウドの最適化、企業グループでの共通プラットフォームとしての利用など、全体最適化を進めます。

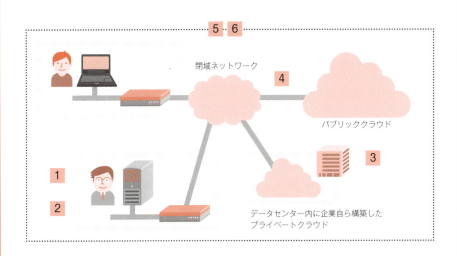

関連用語　インターネットVPN ▶▶▶ p.82　オンプレミスシステム ▶▶▶ p.30　サーバー仮想化技術 ▶▶▶ p.68
専用線接続 ▶▶▶ p.118　ハイブリッドクラウド ▶▶▶ p.118

Chapter 4 新ビジネス創出のための基盤の整備も視野に

05 クラウドで変わる情報システム部門の役割

　これまでのユーザー企業の情報システムは、ERPなどの基幹系システムや社内業務システムを中心とした、事前に予測された情報量を処理するシステムでした。これを **SoR(Systems of Record：記録のためのシステム)** といいます。これらの基盤は従来オンプレミスシステムで提供されていましたが、既存ビジネスの業務効率化やコスト削減を目的として、**正常性や安定性、堅牢性などの要件を維持したまま、クラウドへの移行が進められています**。

　一方、情報システムの役割として、IoTや人工知能（AI）、Fintech、マーケティングオートメーションなどの新たなビジネス基盤となることが求められるようになっています。このような目的を持つシステムを **SoE(Systems of Engagement：人やモノに関与するシステム)** といいます。昨今では、SoEの導入により、新ビジネスの創出や顧客経験価値の改革を支援する動きが加速しています。こうした新たなビジネスでは、情報の処理量や負荷が事前に見積もれないことが多く、また、事業自体がうまくいくとは限りません。そこで、**リソースを迅速に調達でき、柔軟な伸縮が可能なクラウドサービスを利用**し、APIによる自動構築や自動オペレーションを重視した、クラウドに最適化されたシステムが求められるようになっています。

● SoRとSoEの双方への対応が求められる時代へ

　ユーザー企業の情報システム部門の役割は、従来型のSoRを中心としたシステム管理業務だけではなく、SoEにより **ITを活用した新しいサービスを立ち上げる方向** へと進んでいます。それにあたり、事業部門の業務改革を主体的に支援するために、**事業部門とのパートナー体制を構築していく**ことが求められています。また、従来のシステムは継続的に利用できるようにしつつ、新ビジネスへの対応を強化するという、双方の要件に対応できる情報システムの基盤の整備が重要なミッションとなっています。

　そのためには、SoRとSoEの双方に対応したクラウドサービスを採用し、自社の情報システムの全体最適化を図っていく取り組みが、ユーザー企業の情報システム部門にとって重要となっていくでしょう。

プラス1　SoEに代表される、あらゆるものがデジタル化され、既存ビジネスモデルの転換や新たなビジネスの創出につながる流れを「デジタルトランスフォーメーション」と呼んでいます。

イメージでつかもう！

● 情報システム部門は、2種類のシステムへの対応が求められている

ユーザー企業では、従来の業務のための情報システムに加えて、新しいサービスを立ち上げるための情報システムを構築することが求められています。

従来型のシステム

重視するもの
- 正常性
- 安定性
- 堅牢性

SoR（System of Record）
記録のためのシステム

[目的]
- 会計、人事、生産、販売など基幹系システム
- 社内業務システム
- 既存ビジネスの業務効率化
- コスト削減

[特徴]
- 事前に予測された量を処理するインフラ
- コマンドまたはGUIによる手動構築
- 運用管理は手動で行う

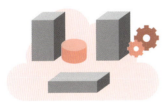

クラウドのシステム

重視するもの
- 迅速性
- 柔軟性
- 拡張性

SoE（System of Engagement）
人やモノに関与するためのシステム

[目的]
- IoT、ビッグデータ分析、人工知能（AI）
- 新ビジネスの基盤
- 新ビジネスの創出
- 顧客経験の改革

[特徴]
- 処理量や負荷に応じて伸縮するインフラ
- APIによる自動構築
- 運用管理は自動で行う

これからの情報システム部門の役割は、
- 従来型のシステムを最新の技術の上で継続して利用できるようにする
- 新ビジネス創出のための基盤を整備する

の2つ。クラウドの積極的な活用が鍵となります。

Chapter 4 クラウド導入に向けて

関連用語　API ▶▶▶ p.96　IoT ▶▶▶ p.182　オンプレミスシステム ▶▶▶ p.30　人工知能 ▶▶▶ p.60
デジタルトランスフォーメーション ▶▶▶ p.126

Chapter 4　クラウドへの対応度合いは 3 段階

06 クラウドサービスに対応する各種アプリケーション

　ユーザー企業の情報システムで動作するアプリケーションを、従来型のシステムで動作するか、クラウドに最適化されたシステムで動作するかという観点で整理します。クラウドとの対比から、4-5 節で紹介した SoR による従来型のシステムのことを**「トラディショナル（従来の意）」**と呼ぶことにします。

● トラディショナルアプリケーション

　企業のオンプレミスシステムで運用している従来型のシステムや、個々のサーバーで運用管理し、個別システムごとにカスタマイズしているアプリケーションです。**トラディショナルアプリケーション**の多くは、クラウドサービスで利用する**仮想サーバーのライセンスには対応していません**。クラウドサービスへ移行する場合でも、**物理サーバー（ベアメタルサーバー）**を採用することになります。

● クラウド対応トラディショナルアプリケーション

　トラディショナルアプリケーションと同じ従来型の設計思想でありながら、**プライベートクラウドや事業者のクラウドサービス上で構築および運用可能なアプリケーション**です。トラディショナルアプリケーションと比べて、クラウドサービスにより全社的な一元管理ができ、全体最適化やコスト削減などにつながります。

● クラウドネイティブアプリケーション

　クラウドサービス上での利用を前提とし、**SoE による API をベースとして設計されたアプリケーション**で、外部サービスとの連携がスムーズに行えます。また、API を利用したアドオン（拡張機能）開発も容易で、開発と運用が一体となった運用管理（DevOps）も可能となります。

　企業の情報システムのクラウドへの移行が進む中、今後は、クラウド対応トラディショナルアプリケーションや、クラウドネイティブアプリケーションを前提とした情報システムの設計と構築、運用を行うケースが増えていくでしょう。

> **プラス 1**　調査会社の予測によると、クラウドサービスの普及に伴い、トラディショナルアプリケーションが減少し、クラウドネイティブアプリケーションの増加が見込まれています。

イメージでつかもう!

● アプリケーションはクラウドへの対応度合いで3つに分けられる

ユーザー企業の情報システムで動作するアプリケーションは、従来型のシステムで動作するか、クラウドに最適化されたシステムで動作するかという観点で、3つに分けられます。

クラウドネイティブアプリケーション

特徴
・マイクロサービス、APIファーストで設計されたアプリケーション
・DevOpsによる運用管理

トラディショナルアプリと比較してのメリット
・市場に対応できる機動性、柔軟性

**クラウド対応
トラディショナルアプリケーション**

特徴
・プライベートクラウドや、事業者のクラウドサービス上で運用される従来型のシステム
・トラディショナルアプリケーションと同じ設計思想
・ITILによる運用管理

トラディショナルアプリと比較してのメリット
・全体最適、コスト削減、業務効率化

トラディショナルアプリケーション

特徴
・企業のオンプレミスで運用されている、従来型のシステムや個々のサーバー
・ITILによる運用管理

> ITILとは IT Infrastructure Library の略で、IT利用の先進企業の運用ノウハウをまとめたガイドラインです。
> ITサービスは自社内で提供することが前提となっています。

トラディショナル型 ←――――――――→ クラウド最適型

Chapter 4 クラウド導入に向けて

関連用語　API ▶▶▶ p.96　DevOps ▶▶▶ p.124　SoE ▶▶▶ p.106　SoR ▶▶▶ p.106　マイクロサービス ▶▶▶ p.94

109

Chapter 4 信頼性や実績、サービス内容などから検討する

07 クラウド事業者の選定のポイント

クラウド事業者の選定にあたっては、さまざまなポイントが考えられます。

- セルフサービス型か、また、APIを提供しているか

クラウドサービスは、ポータルサイトから**セルフサービスでコンピューティングリソースを柔軟に拡張・縮小**できたり、広く使われている**APIを経由して他事業者とサービス連携**ができたりと、標準化されたサービスを利用できることが前提です。

- サービスビジョンを持っているか

クラウド事業者の競争環境は厳しくなっており、事業からの撤退やサービスを停止するケースも出てきています。クラウド事業者の将来のビジョンを確認し、**事業継続性の高い信頼できるサービス**を選定することが重要です。

- 導入メリットのあるサービスを提供しているか

クラウドサービス導入による業務の改善やコスト削減に加えて、新しいビジネスへの対応など、自社の事業展開のメリットにつながるサービスを提供しているかどうかの見極めが必要です。

- サービスに関する情報を積極的に公開しているか

クラウドのサービスや機能、APIリファレンス、料金情報、FAQ、故障情報、システムデザインのパターン例などの最新情報をWebなどに公開していることが重要です。

- 広く使われているソフトウェア、技術を採用しているか

Amazonやマイクロソフトのように独自の技術でサービスを提供している事業者や、VMwareやOpenStackなど**市場シェアの高いソフトウェア・技術を採用している事業者**を選択することが、先進的な活用事例やノウハウの共有の点で有効です。

- 第三者機関のセキュリティなどの認定や、運用サポート体制

クラウドのセキュリティに関する国際規格である「ISO/IEC 27017」などの**信頼性の高い第三者機関の認証をとっている事業者**や、故障時の迅速な対応など運用サポート体制の充実した事業者を選定することが、安全・安心にサービスを利用するうえで重要です。

> **プラス1** クラウド事業者の選定にあたっては、自社の目的に合ったユーザー企業の導入事例、システム構成例の実績も参考にするとよいでしょう。

イメージでつかもう！

● クラウド事業者の選定のポイント

項目	内容
標準化されたサービスか	セルフサービス型。APIの提供
サービスの事業継続性	企業体力、サービスビジョン
導入メリットのあるサービスか	業務プロセス改善、コスト削減、新しいビジネスへの対応につながるサービスを提供しているか
サービスの情報公開	サービスや機能、APIリファレンス、料金情報、FAQ、故障情報、システム構築例など
基盤技術が広く使われているか	AWS、Microsoft Azure、VMware、OpenStackなど
第三者機関の認証、サポート体制	ISO/IEC 27017、PCI DSSなど

自社でシステムリソースを調達・管理するセルフサービスではなく、システムインテグレーターに代行してもらうサービスもあります。クラウドのメリットを生かすためにはセルフサービスが望ましいでしょう。

● クラウド事業者のセキュリティなどに関する第三者認証

クラウド事業者は、クラウドサービスのセキュリティ対策の実施状況を企業ユーザーにアピールするために、第三者の専門家による監査を伴う第三者認証を取得し、自社サービスのWebサイトなどで公開しています。

クラウドに関する主な第三者認証

名称	説明
ISMS認証（JIS Q 27001）	情報セキュリティマネジメントシステムの適合性認証制度
プライバシーマーク（JIS Q15001）	個人情報について適切な保護措置を講ずる体制を整備している事業者の認定制度
QMS（JIS Q 9000）	品質に関して組織を指揮し、管理するための品質マネジメントシステム
ITSMS（JIS Q20000）	組織が効果的かつ効率的に管理されたITサービスを実施するためのフレームワークを確立して、システムを運用するITシステムマネジメント
ISO/IEC27001：2013	セキュリティ管理のベストプラクティスと包括的な情報セキュリティ統制を規定したセキュリティ管理標準規格
ISO/IEC 27018：2014	クラウドサービスの個人データ保護に関する制御対象の規制などを規定している
ISO/IEC 27017：2015	クラウド事業者のクラウドセキュリティの管理体系を規定している
PCI DSS	個人情報や取引情報などを含むクレジットカード情報の取り扱いを規定した制度
SOC1、SOC2、SOC3	Service Organization Controlsと呼び、セキュリティおよび可用性に関する内部統制評価保証を行う評価基準
ASP・SaaSの安全・信頼性に係る情報開示認定制度	安全・信頼性の情報開示基準を満たしているASP・SaaSなどのサービスを認定する制度
ISMAP	政府が求めるセキュリティ要求を満たしているクラウドサービスを評価・登録する、政府の情報システムのためのセキュリティ評価制度

関連用語　API ▶▶▶ p.96　OpenStack ▶▶▶ p.78　クラウドサービス障害時の対応 ▶▶▶ p.42
クラウド事業者 ▶▶▶ p.128　セルフサービス ▶▶▶ p.16

Chapter 4　導入から運用まで、4つのサービスを提供している

08 クラウドインテグレーターへの依頼

　ユーザー企業によるクラウド導入が加速する中、IT業界では、**SI(システムインテグレーション)** から、**CI(クラウドインテグレーション)** へとシフトする動きが進んでいます。

　これまでのIT業界では、SIにより個別に合意した仕様要件に基づいて、企業向けのシステムを受託開発・構築することで収益を得ていました。収益構造としては、システムの受託開発や構築、運用保守費用などの工数を対価として受け取り、収益を獲得するのが一般的でした。それがクラウドサービスの普及により、**開発や構築時に多くの収益をあげる従来の製造型のSIビジネス**には陰りが見えてきました。そこで、システムインテグレーター各社は、サービスの価値を対価とした定額課金や、利用分に応じた従量課金といったような、**長期継続的な収益を確保するサービス型の収益構造**へとシフトしてきています。

● クラウドインテグレーターによるシステムの構築・運用

　こうした背景の中、ユーザー企業の選択として、システムインテグレーターにシステムの構築・運用を依頼するのではなく、**クラウドサービスを基盤としてユーザー企業に向けてシステム構築・運用を手がけるクラウドインテグレーター**へ依頼するというケースが増えています。

　クラウドインテグレーターは、Amazon.comやマイクロソフトなどの大手のクラウド事業者と連携して、ユーザー企業のクラウドの利用用途や要求に応じて、コンサルティングから、異なるクラウドサービスやソリューションの組み合わせ、ユーザー企業のシステム構築から運用までを支援する役割を担っています。

　クラウドインテグレーターは中堅規模であっても、**大手のクラウドサービスを武器に事業を展開できる**ため、ECサイトの基盤だけでなく、大手企業の基幹系システム基盤などの大型案件も手がけています。ユーザー企業としては、自社の情報システムのクラウドサービスの導入検討や構築、運用保守などを、クラウドインテグレーターに依頼するという選択肢もあるでしょう。

プラス1　2024年7月現在、AWSのCIを手掛ける国内トップのプレミアコンサルティングパートナーは、クラスメソッドやアイレット、サーバーワークスなど15社となっています。

イメージでつかもう！

● 導入検討や構築、運用保守を外部の業者に任せる手もある

クラウドインテグレーターは、ユーザー企業の要求に応じて、各種のクラウドサービスやソリューションを組み合わせて、ユーザー企業のシステム構築から運用までをサポートします。クラウドインテグレーターは、大きく4つのサービスを提供しています。

もちろん、クラウド事業者と直接やり取りして、システムを導入・運用してもよい

依頼

クラウドインテグレーターの多くは、Amazon Web Services、Microsoft Azure、Google Cloud Platformなどの大手のクラウドサービスを中心に扱っています。

関連用語　Amazon Web Services ▶▶▶ p.130　クラウド事業者 ▶▶▶ p.128　クラウドソリューション ▶▶▶ p.160

Chapter 4　クラウド化の検討から移行を進めるステップ

09 オンプレミスシステムからクラウドへの移行

4-4節ではクラウド導入から自社のシステムの最適化までのロードマップを紹介しました。ここではクラウドへの移行時の作業に絞って流れを説明します。

ユーザー企業がオンプレミスシステムからクラウドへ移行するにあたっては、**既存のオンプレミスシステムの現状調査、全体方針の策定、効果の検討、計画の策定**を行い、移行を進めます。

● 具体的な検討内容

クラウドへの移行にあたり、さまざまな検討が必要となります。まずは、該当プロジェクトの実施要件と、そのプロジェクトのゴールを明確化し、プロジェクトメンバーと共有します。

経営層から求められる要件や、クラウドの導入時期、実現項目の優先度などの確認を行います。各事業所の情報システムの現状調査を行い、オンプレミスに残すシステムやクラウドへ移行するシステム、必要となるクラウドサービスの要件など、実現する事項や各要件を明確にします。

クラウド活用を前提とした**自社のシステムの全体方針（あるべき姿のモデル）を策定**し、実際のシステム構成の設計や全体スケジュールの策定を行います。同時に、このモデルを導入した場合のTCO(Total Cost of Ownership：総保有コスト)を現在のシステムと比較し、ROI(投資対効果)を検討するなど、実現した際の効果の検証を行います。

移行／導入段階では、物理サーバーで稼働しているシステムを仮想サーバーへ移行するためのツールの検討、移行手順の策定、各タスクの役割分担などを行います。

オンプレミスで利用しているアプリケーションがライセンスの問題で移行できなかったり、仮想サーバーではパフォーマンスが十分でない場合もあるため、事前にきちんと動作するかの検証も必要となります。

オンプレミスからクラウドへの移行は、**システムの規模や更新時期、周辺システムとの連携などによって、移行期間が数年単位となる**場合もあります。システムの現状を踏まえたうえで移行していくことが望ましいでしょう。

イメージでつかもう！

● オンプレミスからクラウドへの典型的な移行の流れ

クラウドへの移行にあたっては、さまざまな検討が必要となります。プロジェクト体制を整備してから、クラウド化の検討、移行／導入作業を行っていきます。

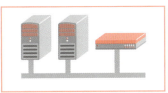

クラウド化検討

現状調査
各事業所の情報システムの現状調査

全体方針策定
クラウド活用をベースとした基盤更改の
「あるべき姿」モデルの策定

効果検討
現状調査、全体方針をふまえて、総保有コストの
比較、投資対効果の検討の実施

移行／導入

クラウド移行計画策定
RFI（情報提供依頼書）、RFP（提案依頼書）の作成。
移行方式およびツールの検証、移行手順の作成、
役割分担の整理を実施

クラウド移行
オンプレミスからクラウドへの移行を実施

> システムの規模によっては、クラウド化の検討から移行までに数年かかることもあります。システム更改時のタイミングなどに、できるところからやっていく、というのが現実的でしょう。

Chapter 4　クラウド導入に向けて

関連用語　移行時の課題 ▶▶▶ p.102　オンプレミスシステム ▶▶▶ p.30　仮想サーバー ▶▶▶ p.46
リフト＆シフト ▶▶▶ p.56

Chapter 4　1つのクラウドですべてまかなえるとは限らない

10 クラウドを適材適所で使い分ける

　今後、極めて高い信頼性、性能、可用性が求められるシステムにまでクラウドの採用が進んでいくと、パブリッククラウドでは対応できない需要も顕在化し、ホステッドプライベートクラウドなどの複数のクラウドを適材適所で使い分けていくことになると思われます。

● **クラウドに移行できるシステム、移行できないシステム**

　システム更改時にクラウドを優先的に検討する**「クラウドファースト」**の流れが加速していますが、前提として、**クラウドサービスに移行できるシステムと移行できないシステムの仕分け**が必要となります。

　たとえば、ユーザーの利用数が少ないレガシーな業務系システムや、工場システムと一体となった生産系システムなどは、クラウドサービスへの移行は困難な場合が多く、オンプレミスシステムに残すケースも多くあります。

　また、オンプレミスで動作していた業務アプリケーションが仮想サーバー環境のパフォーマンスの問題で動作しないケースや、オンプレミスのライセンスをクラウドサービスへ移行できないといったライセンスの問題もあります。そのため、オンプレミスシステムの業務アプリケーションのライセンスをクラウドサービスへも移行できる状態で提供する **BYOL(Bring Your Own License)** の流れも進んでいます。

　パフォーマンスやライセンスの問題に対応するため、仮想サーバー環境ではなく、**データセンター内へ物理サーバーを設置**したり、ホステッドプライベートクラウドなど個別にシステム環境を構築したりするケースもあります。

　その他、クラウドサービス上である業務アプリケーションが適正に動作するかを事前に確認できるよう、その業務アプリケーションをオンプレミスからクラウドへ移転する際の最善策を提供・共有する動きもあります。

　ユーザー企業にとっては、利用用途に合わせて、**自社のオンプレミスにシステムを残したり、最適なクラウドサービスを選択したり**することが重要となるでしょう。

イメージでつかもう！

● オンプレミスとパブリッククラウドを特性に合わせて適切に使い分ける

クラウドには多くのメリットがありますが、どんなシステムでもクラウド化できるわけではありません。パブリッククラウドだけでなく、ホスティング／ハウジングやプライベートクラウドを使い分けていくことになるでしょう。

オンプレミスの利点

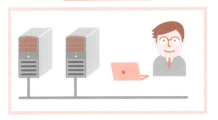

- 個別の要件に応じて、システムを柔軟にカスタマイズできる。
- システムのすべてを自社で管理できる。
- データの保管場所を特定できる。

パブリッククラウドの利点

- 用意されたインフラを利用して、すぐにシステムが構築できる。
- 従量課金で利用できる。
- システムを拡張したり縮小したりすることが簡単に行える。

● クラウドへの移行が難しいシステム例

- ・ユーザーの利用数の少ないレガシーな業務系システム
- ・工場システムと一体となった生産系システム　　　など

● ハイブリッドクラウドの利用パターン例

既存システムとの連携	データベースはオンプレミスに残し、クラウド上のアプリケーションサーバーから利用する、など
業務システムごとの使い分け	個別の業務システムごとにオンプレミスとクラウドを使い分ける、など
アプリケーション連携	SaaSのアプリケーションとオンプレミスのアプリケーションをAPIで連携する、など

関連用語　API ▶▶▶ p.96　SaaS ▶▶▶ p.20　オンプレミスシステム ▶▶▶ p.30　データセンター ▶▶▶ p.92
パブリッククラウド ▶▶▶ p.26　ホステッドプライベートクラウド ▶▶▶ p.28

Chapter 4 複数のクラウド間で連携する

11 ハイブリッドクラウドの構成

ハイブリッドクラウドを構成する場合、ネットワーク、クラウド管理プラットフォーム、アプリケーションなどの連携が必要となります。

● ネットワーク接続による連携

ハイブリッドクラウドを構成するにあたって、クラウドサービスとデータセンター（ホステッドプライベートクラウドなど）やオンプレミスシステムを VPN 網や専用線で接続することになります。

その際によく利用されるのが、AWS や Microsoft Azure などのパブリッククラウドサービスと、ユーザー企業が利用するプライベートクラウドなどを**専用線でつなぐ接続サービス**です（「AWS Direct Connect」や「Azure ExpressRoute」）。これにより、ユーザー企業は**オンプレミスからパブリッククラウドサービスまでをつなぐセキュアかつ低遅延な環境**を構築し、利用することができます。特に基幹系システムなどの重要なシステムをクラウド化する場合に、これらのネットワーク接続による連携が多く利用されています。

● クラウド管理プラットフォームによる連携

複数のクラウドサービスを、ポータル画面から API 経由で管理制御できるクラウド管理プラットフォームも多く登場しています。

多くのクラウド管理プラットフォームは、AWS や Microsoft Azure、VMware vSphere、OpenStack などに対応しており、複数のクラウドサービスを効率的に管理する場合の選択肢の 1 つとなるでしょう。

● アプリケーション連携

これまではオンプレミスのみでしか利用できなかったアプリケーションが多くありました。しかしこれからは、クラウドサービスでの利用を前提としたクラウドネイティブアプリケーションが提供されるようになり、複数のクラウドを使ったアプリケーション連携が進んでいくとみられます。

> **プラス1** ユーザー企業が、基幹系システムや開発基盤など、目的別に合わせて適材適所で選択する複数のクラウドによる構成を「マルチクラウド」と呼ぶこともあります。

イメージでつかもう！

● ネットワーク接続でクラウド同士やオンプレミスシステムと連携

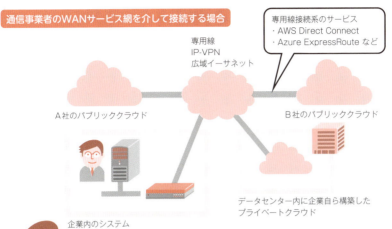

通信事業者のWANサービス網を介して接続する場合

専用線
IP-VPN
広域イーサネット

専用線接続系のサービス
・AWS Direct Connect
・Azure ExpressRoute など

A社のパブリッククラウド

B社のパブリッククラウド

データセンター内に企業自ら構築したプライベートクラウド

企業内のシステム

インターネットを介して接続する場合は、IPsec VPNに対応したルーターもしくはファイアウォールと、クラウド側のIPsec VPN機能（VPNゲートウェイ）を接続します。

● クラウド管理プラットフォームで複数のクラウドを統合管理

クラウド管理プラットフォーム
（AWS、Microsoft Azure、
VMware vSphere、
OpenStack などに対応）

A社の
パブリッククラウド

B社の
パブリッククラウド

プライベート
クラウド

● 複数のクラウド上のアプリケーションの連携

＜アプリケーション連携の例＞
アプリケーション開発にA社のクラウド、情報系システムにB社のクラウド、ERP（統合基幹業務システム）などの基幹系システムにプライベートクラウドを連携して利用

Chapter 4　クラウド導入に向けて

関連用語　Amazon Web Services ▶▶▶ p.130　Microsoft Azure ▶▶▶ p.132　OpenStack ▶▶▶ p.78
クラウド管理プラットフォーム ▶▶▶ p.122　クラウドネイティブアプリケーション ▶▶▶ p.108

Chapter 4 より進んだ連携を実現する

12 ハイブリッドクラウドのさまざまな連携

　ハイブリッドクラウドでは、4-11節で説明したこと以外にも、さまざまな分野での連携が考えられます。

● クラウド基盤ソフトウェアの統一

　ユーザー企業の**オンプレミスやプライベートクラウドとパブリッククラウドサービスの環境を同一のソフトウェアで統一し、運用管理したい**というニーズがあります。たとえば、VMwareで自社のプライベートクラウド環境を構築し、VMwareをベースとしたパブリッククラウドサービスとハイブリッドクラウドを構成するというケースも増えていくでしょう。

● ユーザーID連携

　セキュリティや利便性の向上を目的として、複数のクラウドサービスのIDを連携してユーザー管理やユーザー認証を行いたいというニーズもあります。一度の認証で複数のクラウドサービスの利用が可能になる**シングルサインオンを実現するID連携（フェデレーション）サービス**も数多く登場しています。

● クラウドをまたいだバックアップ、冗長化構成

　サービスの事業継続性を高めるために、**クラウドをまたいだバックアップや冗長化構成により可用性を高める**事例も増えています。

● ハイブリッドクラウドの注意点

　ハイブリッドクラウド構成では、複数のクラウドを扱うため、セキュリティリスクが高くなります。クラウド間の**通信経路のセキュリティ確保や、セキュリティポリシーの統一**など、セキュリティレベルの統一を図っていくことも必要となるでしょう。
　また、ハイブリッドクラウドでは、回線コストやID連携、セキュリティ対策などによって**コストがかさむ**可能性もありますので、個別最適ではなく全体最適を意識して運用管理を考えていく必要があるでしょう。

イメージでつかもう！

● クラウド基盤ソフトウェアを統一

クラウド基盤ソフトウェアを統一することで、リソースの監視がしやすくなり、システムの移植性も高められます。

● 複数のクラウドサービスのID連携

ID連携サービスを利用すると、ユーザーは複数のクラウドサービス（たとえば、Office365、Salesforce、G Suiteなど）や自社の業務アプリケーションの認証を一度のログインで行うことができます。

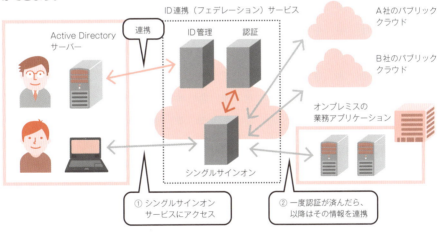

● サービスの事業継続性を高めるためのバックアップ、冗長化構成

関連用語　OpenStack ▶▶▶ p.78　パブリッククラウド ▶▶▶ p.26　プライベートクラウド ▶▶▶ p.26

Chapter 4　クラウド管理プラットフォームを活用する

13 ハイブリッドクラウドにおける運用管理の一元化

　業務アプリケーションの性質や扱うデータの重要度などにより、当面、適材適所で複数のクラウドの使い分けが続くとみられます。複数のクラウドを使うときに課題となるのが、**運用管理が煩雑になること**や、**セキュリティリスクが高まること**です。そのため、複数のクラウドを統合的に運用管理すること、そして、運用管理の可視化にも配慮が必要となります。

　ハイブリッドクラウドを統合的に運用管理する手段として、**クラウド管理プラットフォーム**を導入することが考えられます。クラウド管理プラットフォームでは、**複数のクラウドサービスのAPIを利用し、ポータル画面からサーバーの動作環境や運用状況などの構成管理や運用管理を統合的に行う**ことができます。

　クラウド管理プラットフォームを導入することで、複数のクラウドサービスの稼働状況を可視化することによる運用効率の向上、運用管理の一元化と運用自動化によるコスト削減、ひいては人員稼働の削減効果も期待できます。

　代表的なクラウド管理プラットフォームには、「Flexera Cloud Management Platform」や「VMware vRealize Suite」、「Hinemos（NTTデータ）」、「クラウドマネジメントプラットフォーム（NTTコミュニケーションズ）」などがあります。

● 運用管理における情報システム部門の役割

　これからの情報システム部門には、複数のクラウドを適材適所で採用し、各事業部門へサービスを提供することに加え、効率的な統合管理への対応が求められていくでしょう。

　4-2節で、各事業部門が独自の判断でクラウドを導入する「シャドーIT」が問題視されていることを紹介しましたが、**「シャドーIT」をきっかけとして情報システム部門が戦略的に全社的にクラウドを導入していく流れ**も出てきています。

　情報システム部門は、各事業部門が利用するクラウドの目的を理解し、「シャドーIT」に陥らないよう全社のクラウドの利用状況を把握しておく必要があります。そして、より戦略的に攻めの姿勢でクラウド導入を推進するとともに、クラウド管理プラットフォームによる運用管理の一元化を推進する役割が求められていくでしょう。

イメージでつかもう！

● クラウドの活用が進んできたときに起こりうる問題

クラウドの利用形態がバラバラで、運用状況の把握が大変

プライベートクラウド　　プライベートクラウド　　事業部門の判断で導入したパブリッククラウド

仮想サーバー設定が手作業で、人によって異なる　　　　クラウドのガバナンスの問題

● クラウド管理プラットフォームで問題を解消

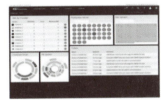

管理者はクラウド全体を把握しながら運用。仮想サーバーの設定を一元管理して自動化

プライベートクラウド　　A社のパブリッククラウド　　B社のパブリッククラウド

代表的なクラウド管理プラットフォーム
・Flexera Cloud Management ・VMware vRealize Suite ・Hinemos ・クラウドマネジメントプラットフォーム

関連用語　API ▶▶▶ p.96　　クラウド管理プラットフォーム ▶▶▶ p.64　　シャドーIT ▶▶▶ p.100
　　　　　ハイブリッドクラウド ▶▶▶ p.118

Chapter 4 クラウドが現場にもたらす変化

14 開発と運用の一体化（DevOps）

DevOps（デブオプス）とは、**Development（開発）とOperation（運用）がともに協力することで、よりスピーディーに完成度の高いソフトウェアを作り上げる手法**です。

従来、サービスの開発側と運用側の要望には、トレードオフや壁が発生してしまいがちでした。開発側が顧客ニーズにあった最新のアプリケーションやサービスの早期提供を重視するのに対し、運用側は顧客に不具合などの症状が起きないように安定的な運用を重視するためです。それが近年では、新しいサービスを迅速に市場に投入することが求められるようになり、開発と運用のコラボレーション（協働）が重要視されるようになっています。

● DevOpsに注目が集まる背景

DevOpsに注目が集まる背景には、「開発手法」「クラウド」「自動化」の3つの要素が挙げられます。開発手法としては、サービスの全体像を固めてから開発を進めるのではなく、**全体像を考えながら、決まったところから開発してリリースするといったスピード重視**になっています。また、アプリケーションのテスト環境の拡張やITインフラの変更要求が頻繁になり、開発者自身がサーバやストレージを作成したり、OSやミドルウェアの設定変更を行ったりするケースも増えています。システムの開発を、小単位の実装とテストを繰り返して進めていく開発手法を**アジャイル開発**と呼んでいます。そうしたことが可能になってきたのは、AWSやOpenStackなどのセルフポータルによるクラウド（IaaS）環境が普及し、**アプリケーションの開発運用環境を支援するPaaSサービスやコンテナサービスが充実してきた**ためです。

運用においては、クラウドの導入でサーバ環境の調達の負担が軽減され、運用担当者がサーバ設定などを代行できるようになってきています。さらに、徹底的な自動化を進めることで、**少人数での大量のサーバ運用が可能となり、運用側から開発側にリソースをシフトしていく動きが進んでいます**。

現状は、開発と運用は別々で担当するケースが多いのですが、クラウドサービスの導入が進むにつれて、開発と運用を一体化するDevOpsの考え方を取り入れるケースは増えていくでしょう。

イメージでつかもう！

● DevOpsとは

DevOpsとは、開発チーム（Development）と運用チーム（Operation）が協力することで、よりスピーディーに完成度の高いソフトウェアを作り上げようという考え方のことです。

お客さまのニーズにあった、最新のアプリやサービスを素早く提供したい！

お客さまのサービスに不具合などの症状が起きないように、安定した運用がしたい！

開発チーム　　　運用チーム

これまでは、開発チームと運用チームの要望が両立せず、双方の間に壁が生じていた

しかし、近年では新しいサービスを迅速に市場に提供するための、開発と運用のコラボレーション（協働）が求められています。

● クラウドの普及によりDevOpsに注目が集まる背景

- ウォーターフォール型ではなく、小刻みな改変を繰り返すアジャイル開発や、サービスを小さく素早く始めて顧客の反応を見ながら改良を続けるリーンスタートアップが流行。

- サービスの提供先が国内だけでなく海外にまで広がっている。

ユーザー目線の
サービス開発・運用

開発チーム

- IaaS/PaaS型のサービスが充実し、開発者が自らアプリケーション開発環境を用意したり、運用環境に簡単にデプロイ（配置、展開）することが可能になった。

運用チーム

- 市場のスピードに合わせた変化適応型のインフラ運用による効率的なリリースと運用の自動化が可能になった。

関連用語　アプリ開発での活用 ▶▶▶ p.168　クラウドネイティブアプリケーション ▶▶▶ p.108
　　　　　スタートアップでの活用 ▶▶▶ p.170

COLUMN

デジタルトランス
フォーメーションとは

　近年、企業における外部環境は大きく変化しています。そんな中で、企業には既存のビジネスから脱却し、新たな価値を創造することが求められています。

　そこで鍵となるのが、「デジタルトランスフォーメーション」と呼ばれる取り組みです。これは、クラウドやビッグデータ、AI、IoTなどのデジタル技術を活用した新しい製品やサービス、新しいビジネスモデルにより、ネットとリアル両面での顧客体験の変革を図ることで、新たな価値を創出し、競争上の優位性を確立することを指します。

　これまでのIT活用目的は、業務の効率化による生産性向上やコスト削減が中心でした。一方、デジタルトランスフォーメーションでは、顧客のニーズに応え利便性を拡充することで新たな価値やサービスを生み出すという、顧客中心型のビジネス戦略への転換が重要となっています。

　企業にとっては、デジタルトランスフォーメーションにより、これまでの顧客や社外パートナーとの関係性や、デリバリーモデル、収益モデルも大きく変化する可能性があります。

　日本企業は米国をはじめとした先進国と比べてデジタルトランスフォーメーションに向けた取り組みが遅れているという指摘もありますが、今後はデジタルトランスフォーメーションを軸とした組織文化の変革、イノベーションや協業を生み出す組織構造への変革が一層求められていくでしょう。

　実際の取り組みとしては、デジタルイノベーション推進室などを設置し、全社横断的な取り組みを進める場合もありますが、部門別に取り組んでいるケースも多くあります。また、企業のITシステム部門が全社的なクラウドやデジタル活用の推進組織となり、新しいサービスを開発するイノベーションを担うことが求められています。事業部門が要求する仕様に応じてシステムを構築するだけでなく、データ解析による業務改革の主体的な実施など、事業部門とのパートナー体制を構築し、デジタルトランスフォーメーションを進めていくことが重要となっています。

Chapter 5

クラウドサービス事業者

クラウドサービスを提供している事業者は、国内外に多数あります。この章では、それぞれの事業者の特徴、提供しているサービスの概要、主な利用用途などについて解説していきます。

Chapter 5　国内外に多数の事業者がある

01 クラウドサービスを提供する事業者

　現在、パブリッククラウドサービスとしては、Amazon.comの「Amazon Web Service(AWS)」、米マイクロソフトの「Microsoft Azure」、グーグルの「Google Cloud Platform(GCP)」が豊富なサービスメニューと規模の経済（スケールメリット）を生かしてグローバル市場を大きくリードしています。これらのクラウド事業者を**ハイパースケールクラウド事業者**と呼ぶこともあります。

　IBMは「IBM Cloud」を展開し、2018年10月にRed Hatの買収を発表するなどして、先行するハイパースケールクラウド事業者を追いかけています。また最近では、アリババグループの「Alibaba Cloud」など中国の事業者がアジア太平洋地域を中心に大きくシェアを拡大しています。これらの事業者のサービスは、大規模なWebサービス構築やビッグデータ解析、IoT／AI基盤、システム基盤構築など、多くの領域に対応しています。

　国内事業者では、通信／ISP事業者のNTTコミュニケーションズやKDDI、ソフトバンク、IIJが**通信／ISPサービスとの連携を強み**に企業向けのクラウドサービスを提供しています。また、富士通やNECなどはこれまでの**システムインテグレーションのノウハウを生かして**、クラウドサービスやクラウドベースのソリューションを展開しています。自社の基幹系システムなど、セキュリティやカスタマイズがより求められる環境をクラウドで構築する場合は、これらの事業者のサービスが候補となるでしょう。

　IDCフロンティア、さくらインターネット、GMOクラウド、ビッグローブなどは、Webサービスやゲーム基盤、IoT基盤、SaaS基盤など、**特定の分野に強みを持つ**サービスを展開しています。特定の目的でシンプルにサービスを利用したい場合は、これらの事業者のサービスが適しているでしょう。

　クラウドサービスの利用にあたっては、**目的や用途に合わせて適材適所のサービスを採用**し、ハイブリッドクラウド／マルチクラウド環境を構築するのが一般的です。また、クラウドサービスだけでなく、マネージドサービスやクラウド管理プラットフォーム、セキュリティサービス、ネットワークサービスなどを組み合わせて、システム全体の最適化につながる環境を構築・運用することが重要です。

イメージでつかもう！

● ハイパースケールクラウド事業者を中心に、多くの事業者がサービスを提供

現在のクラウドサービスはハイパースケールクラウド事業者がリードしていますが、国内事業者も含め、それぞれ自社の事業領域の強みを生かして他社との差別化を図っています。

クラウドサービスは、利用目的や用途に合わせて、適材適所のサービスを採用し、ハイブリッドクラウド／マルチクラウド環境を構築する傾向になっています。1つの事業者やクラウドサービスに依存する「クラウドロックイン」に陥らず、柔軟に事業者を選択・移行できるよう備えておくことも重要です。

関連用語　クラウド管理プラットフォーム ▶▶▶ p.122　クラウド事業者の選定 ▶▶▶ p.110
ハイブリッドクラウド ▶▶▶ p.118

Chapter 5 世界で最も多く利用されている

02 Amazon.comのクラウドサービス

　Amazon.comは、「Amazon Web Services(AWS)」というクラウドサービスを提供しています。AWSは2006年にサービスを開始した、世界で最も多く利用されているパブリッククラウドサービスです。世界中の20以上のリージョン（地理的に離れた独立した領域）と、60を超えるアベイラビリティゾーン（各リージョン内に1つ、または複数設置された、独立したデータセンター）で運用されています。

　AWSでは、仮想サーバーやストレージなどのIaaS型のサービスはもちろん、データベース、ストリーミング、分析サービス、モバイルサービス、IoTやAI向けサービスまで、多岐にわたるサービスを提供しています。また、毎年機能拡張や改善が行われ、数多くの新サービス・機能がリリースされています。

　代表的なサービスとして、「Amazon EC2」（仮想サーバー）、「Amazon S3」（クラウドストレージ）、「Amazon RDS」（リレーショナルデータベースサービス）などがあります。他にも、Dockerコンテナを実行・管理する「Amazon Elastic Container Service」、インターネットに接続したデバイスとクラウドをセキュアに接続可能にする「AWS IoT」、機械学習（ディープラーニング）の機能をサービスとして利用できる「Amazon Machine Learning」、ロボット関連のアプリケーションを開発するための「AWS RoboMaker」などがあります。

　AWSの主な利用用途としては、以前はWebサイトやソーシャルゲーム、ビッグデータ分析、スマートフォン向けアプリケーションなどをキーワードとした案件が多くを占めていました。現在は、ユーザー企業の社内向けシステムの用途として、ヴイエムウェアの仮想環境をAWS上で構築し稼働するクラウドサービス「VMware Cloud on AWS」や、ERP（統合基幹業務システム）をはじめとした基幹系システムでの利用も拡大しており、セキュリティやコンプライアンス（法令順守）なども含め、エンタープライズ向けのサービスの機能が充実しています。

　AWSは、データベースや分析サービスをはじめ、セキュリティやアプリ開発、モバイルサービスなど幅広い目的に向けてサービスが充実しているため、さまざまな利用用途に応じた最適なシステムやサービスの設計が行えます。

プラス1　AWSでは、日本全国に拡大するAWSのユーザーを中心とした運営によるコミュニティ「AWS User Group Japan（JAWS-UG）」があり、技術情報などの交流が活発です。

イメージでつかもう！

● Amazon.comの「Amazon Web Services（AWS）」の概要

「AWS」は世界で最も多く利用されているパブリッククラウドサービスです。そのため、事例やノウハウの情報も容易に得られます。毎年、ものすごい勢いで新しいサービスが追加され、機能拡張や改善が行われています。

主なサービスのラインナップ

分析	アプリケーション統合	ARおよびバーチャルリアリティ	AWSコスト管理	ブロックチェーン
・データ分析 ・Hadoopフレームワーク ・高速検索サービス ・リアルタイムストリーミング分析　など	・分散アプリケーション調整 ・メッセージキュー ・プッシュ通知　など	・ARおよびVRアプリケーションの構築、実行	・コストと使用状況の分析　など	・ブロックチェーンネットワークの作成、管理 ・台帳データベース

ビジネスアプリケーション	コンピューティング	カスタマーエンゲージメント	データベース	開発者用ツール
・Alexa ・オンライン会議 ・Eメールおよびカレンダー	・仮想サーバー ・コンテナ ・仮想専用サーバー ・オートスケーリング ・サーバーレスコンピューティング　など	・コンタクトセンター　など	・RDB ・NoSQL DB ・インメモリキャッシュ ・データウェアハウス　など	・開発およびデプロイ統合管理 ・Gitレポジトリ ・ビルドとテスト ・コードデプロイ自動化　など

エンドユーザーコンピューティング	Game Tech	IoT	Machine Learning	マネジメントとガバナンス
・仮想デスクトップ ・ストレージ共有サービス　など	・ゲーム向けプラットフォーム開発キット ・3Dゲームエンジン	・IoTプラットフォーム ・エッジコンピューティング ・IoTデバイス管理　など	・深層学習 ・自動音声認識 ・言語翻訳 ・画像／ビデオ分析 ・予測　など	・モニタリング ・リソース管理 ・運用自動化 ・コマンドラインインターフェース　など

メディアサービス	移行と転送	モバイル	ネットワーキングとコンテンツ配信	ロボット工学
・メディア変換 ・ビデオストリームの処理、分析 ・動画配信　など	・アプリケーション移行 ・データベース移行 ・サーバー移行 ・オンラインデータ転送　など	・モバイル／ウェブアプリケーションの構築、デプロイ　など	・論理ネットワーク ・高速コンテンツ配信 ・DNS ・専用線 ・負荷分散	・ロボット工学アプリケーションの開発、テスト、デプロイ

人工衛星	セキュリティ、アイデンティティ、コンプライアンス	ストレージ		
・地上局	・シングルサインオン ・脅威検出 ・ファイアウォール ・DDoS対策　など	・オブジェクトストレージ ・ブロックストレージ ・ファイルシステム ・アーカイブ ・バックアップ　など		

URL　Amazon Web Servicesの製品・クラウドサービス
　　　https://aws.amazon.com/jp/products/

関連用語　Amazon S3 ▶▶▶ p.50　　Amazon RDS ▶▶▶ p.54　　AWS IoT ▶▶▶ p.58

Chapter 5 自社ソフトウェアを強みとし、ハイブリッドの利用も進む

03 マイクロソフトの クラウドサービス

　マイクロソフトは、SaaS型のクラウドサービスとして**「Microsoft Office 365」**や**「Microsoft Dynamics 365」**を、また、IaaS/PaaS型のクラウドサービスとして**「Microsoft Azure」**(アジュール)を提供しています。

　「Microsoft Azure」は、世界のIaaS/PaaS型のクラウド市場において、AWSに続くシェアを占めています。「Microsoft Azure」は主に、IaaSの位置付けとなる「インフラストラクチャサービス」と、PaaSの位置付けとなる「プラットフォームサービス」の2層から構成されています。

　「インフラストラクチャサービス（IaaS）」は、仮想サーバーの**「Virtual Machines」**、ファイルストレージの**「Azure Files」**、仮想ネットワークの**「Virtual Network」**などから構成されています。

　「プラットフォームサービス（PaaS）」では、「コンピューティングサービス」「アプリケーションプラットフォーム」「開発者向けサービス」「統合」「メディアとCDN」「分析とIoT」「データ」「インテリジェンス」「セキュリティと管理」「ハイブリッドクラウド」などのカテゴリからサービスを利用できます。これまではデータベース関連サービスの「SQL Database」などの利用が多く、今後はIoTやAIの需要拡大に伴い、インターネットにデバイスを接続、監視、制御する**「IoT Hub」**や、音声認識や画像認識など数十種類のサービスを総称した**「Microsoft Cognitive Services」**などの利用拡大が見込まれています。

　「Microsoft Azure」は、製造業や流通業など**大規模なエンタープライズ系企業の基幹系システムの基盤としての利用も拡大しています**。エンタープライズ系の企業は、オンプレミスシステムの環境において、「Windows Server」や「Hyper-V」などのマイクロソフトのソフトウェアを多く利用しているため、**オンプレミスとクラウドサービスのハイブリッドの利用も進んでいます**。マイクロソフトは「Microsoft Azure」の機能をオンプレミスシステムで利用できる**「Azure Stack」**も提供しています。またマイクロソフトは、以前は自社のソフトウェアを中心にサービスやソリューションを提供していましたが、最近ではオープンソースソフトウェアをサービスに積極的に組み込むなど、連携を進めています。

> **プラス1** マイクロソフトは、自社のクラウドサービスやテクノロジーをユーザーに向けてわかりやすく解説し、啓蒙を図るエバンジェリスト（Evangelist）の社員数が日本でもトップクラスです。

イメージでつかもう！

● マイクロソフトの「Microsoft Azure」の概要

「Microsoft Azure」は、世界でAWSに次いで多く利用されているIaaS/PaaS型のクラウドサービスです。マイクロソフトはソフトウェア事業者のイメージが強いですが、クラウド事業の売上を年々大きく伸ばしてきています。

主なサービスのラインナップ

プラットフォームサービス（PaaS）

セキュリティと管理	メディアとCDN	アプリケーションプラットフォーム	データ	ハイブリッドクラウド
・統合セキュリティ管理 ・ポータル ・シングルサインオン ・顧客IDとアクセスの管理 ・多要素認証 ・プロセス自動化 ・タスクスケジュールサービス ・暗号化キーおよび秘密情報の保護 ・クラウドソフトウェアの購入／販売 ・仮想マシンイメージギャラリー	・ビデオエンコーディング／ストリーミング ・メディア分析 ・CDN（Content Delivery Network）	・Webアプリ作成・デプロイ ・APIの作成・利用 ・マイクロサービス作成・運用 ・モバイルアプリ作成・運用 ・モバイルプッシュ通知 ・サーバーレスアーキテクチャ	・SQL Server互換データベース ・データウェアハウス ・NoSQLデータベース ・SQL ServerデータベースをAzureに拡張 ・Redisサービス ・NoSQLキーバリューストア ・クラウド検索サービス	・Azure Active Directoryの正常性の監視 ・リソースへのアクセスの管理・制御・監視 ・ドメインサービス ・データのバックアップ／復元 ・運用分析 ・大規模データ移行サービス ・ディザスターリカバリーサービス ・ハイブリッドクラウドストレージ
	統合 ・APIの発行、管理、保護、分析 ・統合ソリューション作成 ・メッセージングサービス		**インテリジェンス** ・感情認識、映像検出、顔認識、音声認識など ・チャットボット構築 ・コルタナ	
	コンピューティングサービス ・ジョブスケジュールサービス ・仮想マシングループの作成・管理 ・Windowsアプリ・デスクトップのリモート配信 ・開発環境／テスト環境	**開発者向けサービス** ・Visual Studio ・コード共有、作業追跡、ソフトウェア出荷 ・アプリケーション監視 ・モバイルアプリの情報収集・可視化 ・Xamarin ・モバイルアプリの開発、配布、ベータテスト	**分析とIoT** ・Hadoop、Spark、Kafkaサービス ・機械学習モデル構築、トレーニング、デプロイ ・リアルタイムデータ分析 ・データカタログ ・分析ジョブサービス ・データレイク ・IoTの接続、監視、管理 ・データ統合サービス ・Power BI分析	

インフラストラクチャサービス（IaaS）

コンピューティング	ストレージ	ネットワーキング
・仮想サーバー ・コンテナ	・オブジェクトストレージ ・キュー　・ファイルストレージ ・ディスク	・仮想ネットワーク　・負荷分散　・DNS ・専用線接続　　　　・DNS負荷分散 ・VPNゲートウェイ　・アプリケーションゲートウェイ

URL　Microsoft Azureの製品・クラウドサービス
　　　https://azure.microsoft.com/ja-jp/services/

Chapter 5　クラウドサービス事業者

関連用語　IoT ▶▶▶ p.182　仮想サーバー ▶▶▶ p.46　画像認識 ▶▶▶ p.60　ファイルストレージ ▶▶▶ p.76

Chapter 5 グーグルの高性能なインフラを低コストで利用できる

04 グーグルの クラウドサービス

　グーグルは、パブリッククラウドサービスとして**「Google Cloud Platform」**を提供しています。「Google Cloud Platform」では、グーグルの検索エンジンやGmail、YouTubeなどのサービスで利用されているのと同等の**高性能なインフラ環境を、低コスト**で利用できます。また、グーグルが自社で開発している技術をベースにしており、高いパフォーマンスを備えた豊富な機能を利用できます。

　「Google Cloud Platform」の各サービスは、Webインターフェースの「Cloud Console」やコマンドライン、REST APIによる操作が可能です。

　サービスとしては、仮想サーバーの**「Compute Engine」**、アプリケーション実行環境の**「App Engine」**、コンテナ管理の**「Kubernetes Engine」**、データベースではMySQLやPostgreSQLといったリレーショナルデータベースの**「Cloud SQL」**、NoSQLデータベースの**「Cloud Datastore」**、オブジェクトストレージの**「Cloud Storage」**などが利用できます。それ以外にも、ビッグデータ分析向けのクラウド型データウェアハウス**「BigQuery」**や、大量データの取得や変換・分析・分類など幅広いデータ処理パターンに対応した**「Cloud Dataflow」**など、データ分析系・処理系のサービスが充実しています。

　また、オープンソースの機械学習ライブラリ**「TensorFlow」**(テンソルフロー)などが含まれた機械学習環境として**「Cloud Machine Learning Engine」**が、また、画像や音声、ビデオを解析可能な学習済み機械学習モデルとして**「Vision API」「Speech API」****「Cloud Video Intelligence API」**などが利用できます。

　グーグルは拠点数を拡大しており、日本国内では2016年11月に東京リージョンを、2019年に大阪リージョンを提供開始しています。世界中で21のリージョン、64のゾーンが運用されており、今後も拠点数の拡大が予定されています。

　「Google Cloud Platform」の主な利用用途としては、**ゲーム配信基盤や、ビッグデータ分析基盤、アプリケーション開発**などが中心となっています。スマートフォン向け位置情報ゲームアプリ「ポケモンGO」の基盤にも「Google Cloud Platform」が採用されており、世界中からの膨大なアクセスの集中にも柔軟にリソースのスケールを拡張した事例が紹介されています。

プラス1　Googleはマルチクラウドを実現するプラットフォームとして「Anthos」を展開しています。

イメージでつかもう！

● グーグルの「Google Cloud Platform」の概要

「Google Cloud Platform」は、グーグルの各種Webサービスを支える高性能なインフラを低コストで利用でき、ビッグデータの分析系や処理系のサービスが充実しています。

主なサービスのラインナップ

コンピューティング
- 仮想サーバー
- アプリケーション実行環境
- コンテナ実行環境
- サーバーレスコンピューティング環境
- オンプレミスで利用可能なKubernetes環境
- TensorFlowに特化したマイクロプロセッサー

ストレージ
- オブジェクトストレージ
- 永続ディスク（SSD、HDD）
- ローカルSSDスクラッチディスク（SCSI、NVM Express）

ネットワーク
- Virtual Private Cloud（VPC）
- 負荷分散
- セキュリティ対策（DDoS防御、アクセス制御）
- CDN（Content Delivery Network）
- データセンター間接続　・IPsec VPN接続　・DNS

データベース
- RDB（PostgreSQL、MySQL）
- NoSQLデータベース
- 水平スケーリング可能で高い整合性を備えたRDB
- スケーラビリティの高いNoSQLデータベース
- Redis向けインメモリデータストアサービス

ビッグデータ
- ビッグデータ分析クラウド型データウェアハウス
- ストリームデータ処理およびバッチデータ処理
- Spark/Hadoopサービス　・分析用データの探索、クリーニング、準備　・データの探索、分析、可視化
- イベントストリーム取り込み／リアルタイムストリーム分析
- ワークフローオーケストレーションサービス

機械学習
- 機械学習モデルの構築、デプロイ
- 画像認識　・音声認識
- 動画コンテンツ認識
- 感情分析　・動的な翻訳
- 会話インターフェースの作成（チャットボット、対話型自動音声応答システムなど）

IoT
- IoTデバイスの接続、管理、データ取り込み
- エッジデバイスのデータ処理、データ交換
- TensorFlowに特化したエッジデバイス用マイクロプロセッサー

セキュリティ
- アクセス制御、監査証跡
- 機密データの分類、秘匿化
- セキュリティ状態の分析およびモニタリング
- 2段階認証、改ざん防止ハードウェアチップ

管理
- GCP、AWS、オープンソースパッケージで実行されるアプリのモニタリング、ログデータの格納、検索、分析、エラー報告
- アプリのパフォーマンス分析　・コードの動作を調査

ツール
- コマンドラインインターフェース
- コンテナイメージレジストリ
- ビルドの自動化　・Gitリポジトリ

URL　Google Cloud Platformの製品・クラウドサービス
https://cloud.google.com/products/

関連用語　BigQuery ▶▶▶ p.58　Cloud Dataflow ▶▶▶ p.58　NoSQL ▶▶▶ p.74
オブジェクトストレージ ▶▶▶ p.76　機械学習 ▶▶▶ p.60　データ分析サービス ▶▶▶ p.58

Chapter 5 日本と中国のサーバー間をセキュアに通信できる

05 アリババのクラウドサービス

　中国EC市場で圧倒的なシェアを誇るアリババグループは、中国最大のパブリッククラウドサービスの**「Alibaba Cloud(アリババクラウド)」**を提供しています。中国では「Aliyun(阿里雲、アリユン)」というサービス名称で呼ばれています。

　中国国内ではシェア50％前後を占め、中国国内で500以上のCDNノード数を展開しています。世界の市場でも、AWSやMicrosoft Azure、Google Cloud Platformに続くシェアのクラウドサービス事業者に急成長をとげ、サービス機能を充実させています。

　「Alibaba Cloud」は、アリババグループのBtoBマーケットプレイスの「アリババドットコム」やBtoCショッピングモール「天猫(Tmall)」、CtoCマーケットプレイス「タオバオ」、スマホ決済「アリペイ」のインフラ基盤に採用されており、これらの運用実績のノウハウをサービスに展開しています。

　日本では、アリババグループとソフトバンクの合弁会社のSBクラウドが2016年から東京リージョンを開設し、「Alibaba Cloud」を提供しています。

　「Alibaba Cloud」の機能的な特徴として、**異常トラフィックのクリーニングや破棄を自動で行うDDoSアタック対策機能「Anti-DDoS」を標準で提供**していることが挙げられます。

　また、**「Express Connect」**では、さまざまなクラウド環境の間で、高品質でセキュアなプライベートネットワーク通信を提供しています。特に、異なるリージョンにあるVPCネットワークを相互接続するVPCコネクションは、**中国独自のインターネット事情による影響を受けることなく、日本と中国とのサーバー間をセキュアに通信できる**ため、多く利用されています。

　アリババグループは、東京2020オリンピック・パラリンピック競技大会のクラウドサービス／Eコマースプラットフォームサービスのカテゴリにおいてワールドワイドパートナーとなっており、「Alibaba Cloud」のサービスが提供されています。

　日本では、ゲームクラウド、IoTクラウド、Eコマース、ハイブリッドクラウドなどの利用用途に合わせたクラウドソリューションも展開しています。

イメージでつかもう！

● アリババの「Alibaba Cloud」の概要

日本における「Alibaba Cloud」は、中国市場へ進出する日本企業に対してのサービスやサポートを充実させています。

主なサービスのラインナップ

仮想サーバー
- 仮想サーバー　　・GPUコンピューティング
- オートスケーリング　・構成テンプレート
- コンテナ管理　・ハイパフォーマンスコンピューティング
- ベアメタルコンピューティング
- クラスターコンピューティング
- サーバーレス実行環境　・シングルテナント専有

ストレージとCDN
- CDN
- オブジェクトストレージ
- Network Attached Storage（NAS）
- 大容量データ移行
- コンテンツ配信高速化

ネットワーク　（Express Connect）
- Virtual Private Cloud（VPC）
- 専用プライベートネットワーク接続
- DNS　　・パブリックIPアドレス
- NAT機能　・サーバー負荷分散
- VPN機能　・VPCとデータセンター間の接続

データベース
- RDS（MySQL、PostgreSQL、SQL Server、PPAS）
- キーバリューストア（Redis互換）
- Memcache
- NoSQL（Table Store）
- データウェアハウス
- データベース間データ転送

分析とビッグデータ
- ビッグデータ処理、分析
- リアルタイムデータ可視化
- データ転送、変換、同期
- 画像検索

アプリケーション
- メッセージキューイング
- ログ収集、管理
- APIホスティング

メディアサービス
- 音声／動画の自動トランスコード、メディアリソース管理、配信
- ライブオーディオ／ビデオ配信

セキュリティ（Anti-DDoS）
- DDoS対策
- SSL証明書申請、購入、管理
- Webアプリケーションファイアウォール

IoT
- IoTデバイス管理

マネジメント
- リアルタイムモニタリング
- リソースアクセス制御
- 暗号鍵作成、制御、保管
- 操作履歴の記録、管理
- Web API呼び出しプロセス表示

ドメインとホスティング
- DNS
- グローバル負荷分散

2019年1月には、日本で2箇所目になるデータセンターを東京に開設し、国内のキャパシティが2倍になっています。データセンター間で冗長性をとることや、バックアップも可能です。

関連用語　API ▶▶▶ p.96　PaaS基盤ソフトウェア ▶▶▶ p.80　オブジェクトストレージ ▶▶▶ p.76

Chapter 5　豊富なサービスラインナップを提供する

06 IBMの クラウドサービス

　IBMは**「IBM Cloud」**というブランドでクラウドサービスを提供しています。「IBM Cloud」は、システムを構成する機器やソフトウェアにすべてオープンテクノロジーを採用し、仮想サーバーや物理サーバー（ベアメタルサーバー）や、AIソリューションの「Watson」、IoT、分析（アナリティクス）、ブロックチェーン、Kubernetesなど、**190を超える豊富なサービスラインナップ**を提供しています。

　「IBM Cloud」は東京リージョンを3つのゾーンにより構成されるマルチゾーンで提供し、大阪リージョンも提供しています。

　「IBM Cloud」は、パブリックネットワークとプライベートネットワークの2つを標準で実装しており、利用用途に応じてセキュアな環境を構築できます。また、全世界にある60箇所以上のデータセンターは10Gbpsの高速ネットワークで相互接続されていて、グローバルネットワークをデータ転送量に関係なく無料で利用できます。

　特徴的なサービスとして、**「VMware on IBM Cloud」**ではベアメタルサーバーを活用することで、オンプレミスシステムで利用しているVMwareの環境を、アプリケーション以外の非機能要件（サーバー管理、バックアップ、可用性／可搬性など）まで含めて変更を加えることなくクラウドにそのまま移行（リフト）可能です。ユーザーはプライベートネットワークを介して、「IBM Cloud」上のさまざまなサービスを利用できます。

　また、**「IBM Cloud Private」**を利用して企業のオンプレミス環境にクラウド基盤を構築すると、「IBM Cloud」のPaaSやWatsonなどのクラウドネイティブの機能をオンプレミスで利用できます。

　「IBM Cloud」の主な利用用途としては、ソーシャルゲームの運用やビッグデータの分析基盤があります。エンタープライズの領域においては、製造業や流通業を中心に、既存のVMwareのオンプレミスシステムをクラウドへ移行するケースがあります。特に、大規模なシステムや高いパフォーマンスやセキュリティが要求される場合は、物理サーバー（ベアメタルサーバー）が多く利用されています。

　IBMは、2018年10月にRed Hatを340億ドルで買収することを発表し、オープンでハイブリッドに対応したクラウドサービス展開に向けて事業を強化しています。

プラス1　IBMは、コンテナをベースとした統合型のクラウドネイティブアプリケーション「IBM Cloud Paks」の展開を強化しています。

イメージでつかもう！

● IBMの「IBM Cloud」の概要

「IBM Cloud」は、トラディショナルとクラウドネイティブの双方のアプリケーションに対応したハイブリッドクラウド戦略を展開しています。

主なサービスのラインナップ

エンタープライズアプリケーション	産業向けソリューション	専門向けソリューション
セキュリティ、商業、ブロックチェーン	Watsonヘルス、金融サービス、サプライチェーン	気象、Watson、IoT

Watson API

データアクセス、関連データ検索、AIモデル構築・トレーニング、AIモデル配備、監視、管理、分析

データポリシー管理	資産カタログ	データポリシー執行
コンテナオーケストレーション	環境テンプレート	VMwareランタイム	Cloud Foundryランタイム

ロギング、メッセージング、IDとアクセス管理、モニタリング、鍵管理、データストア、コンテナ、認証管理、オートスケーリングなど

x86、Power CPU、GPUコンピューティング 仮想マシン、ベアメタル	プログラム可能なメッシュネットワーク 仮想ネットワーク、負荷分散、ファイアウォール	フラッシュ＆ディスクストレージ ブロックストレージ、ファイルストレージ、オブジェクトストレージ

| アイデンティティ＆アクセス | データセキュリティ | ネットワークセキュリティ | アプリケーションセキュリティ | セキュリティ可視化 |

● パブリックネットワークとプライベートネットワークを標準で実装している

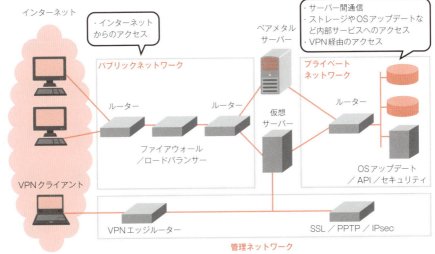

関連用語 API ▶▶▶ p.96　PaaS基盤ソフトウェア ▶▶▶ p.80　オブジェクトストレージ ▶▶▶ p.76
リフト＆シフト ▶▶▶ p.56

Chapter 5　グローバル共通仕様でネットワークなどと組み合わせて提供

07 NTTコミュニケーションズのクラウドサービス

　NTTコミュニケーションズは、企業のデータ利活用に必要な機能をワンストップで利用できるプラットフォームサービスとして、**「Smart Data Platform（以下SDPF）」**を提供しています。SDPFのクラウドサービス機能として、**「SDPFクラウド／サーバー」**を提供しています。

　「SDPFクラウド／サーバー」の主な機能として、**オンデマンドで従量課金に対応した物理サーバー（ベアメタルサーバー）**、VMware vSphereとMicrosoft Hyper-Vに対応した**マルチハイパーバイザーによる専有型のホステッドプライベートクラウド**、オープンソースのクラウド基盤ソフトウェア**「OpenStack」を採用した共有型クラウド**を提供しています。

　ユーザー企業は、オンプレミスシステムからクラウドへの移行をはじめとして、ERPなどのシステム性能・信頼性・可用性を重視する基幹系システムから、IoTサービスなどの俊敏性・柔軟性・APIによる外部サービス連携などが前提となるクラウド基盤までを、ハイブリッドクラウドの構成で利用できます。

　また、AWSやMicrosoft Azureなど他事業者が提供する複数のクラウドサービスも含めて、ポータルサイトから一元的に運用管理できる**「クラウドマネジメントプラットフォーム」**も利用できます。

　ミドルウェアでは、データベースの「Oracle Database」、ERPパッケージの「Enterprise Cloud for ERP」、クラウド移行に最適な「IaaS Powered by VMware」など、ユーザー企業の基幹系システムに対応したシステムをクラウドサービスとして利用できます。クラウドネイティブアプリケーションでは、データ分析ソリューションや、ディープラーニングの利用に最適な専有型のGPUソリューションを利用できます。

　昨今のデジタルトランスフォーメーション（DX）を推進する企業の増加に伴い、製造業やサービス業などが、NTTコミュニケーションズが提供する、データマネジメント、クラウド、ネットワークサービス、マネジメントサービスなどと組み合わせて利用するケースが増えています。

イメージでつかもう！

● NTTコミュニケーションズの「SDPFクラウド/サーバー」の概要

「Smart Data Platformクラウド/サーバー」は、企業のデジタルトランスフォーメーション（DX）推進を支援するハイブリッドクラウドです。
クラウドへの移行を支援する「クラウドシフト」と、IoTやデータ分析などの構築環境を支援する「クラウドネイティブ」の双方に対応しています。

サービスの全体像

クラウドマネジメントプラットフォームから、他事業者のクラウドも含めて一元的に運用管理できる。

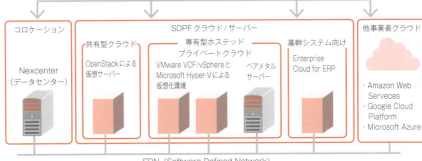

専用型ホステッドプライベートクラウドと共有型クラウドは同一ネットワーク上で接続されており、仮想サーバー、物理サーバー（ベアメタルサーバー）、ファイアウォール、ロードバランサーなどを自由に配置してネットワーク環境を構築できます。

主なサービスのラインナップ

サーバー	**専用ハイパーバイザー**	**ストレージ**
・ベアメタルサーバー　・仮想サーバー ・イメージ保存領域	・vSphere／Hyper-V　・ゲストイメージ ・VMware Cloud Foundation	・ブロックストレージ ・ファイルストレージ
	ネットワーク	**バックアップ**
	・インターネット接続　・VPNゲートウェイ ・論理ネットワーク　・負荷分散	
ミドルウェア	・SAP HANA　・Oracle ・SQL Server　など	**プラットフォーム**
		・Cloud Foundry　・DNS　・Power Systems ・グローバルサーバー負荷分散　など
セキュリティ	・ネットワーク型セキュリティ（ファイアウォール、UTM、WAF） ・ホスト型セキュリティ（ウイルス対策、侵入防御、ファイアウォール）	
マネジメント	・クラウドプラットフォームマネジメント　・モニタリング ・Managed Option　・モニタリングログ　・サポート	
SD-Exchange	・コロケーション接続　・クラウド/サーバー接続　・Amazon Web Services接続　・Microsoft Azure接続 Google Cloud Platform接続　・遠隔データセンター接続	

関連用語　GPU ▶▶▶ p.90　OpenStack ▶▶▶ p.78　クラウド管理プラットフォーム ▶▶▶ p.122
ハイパーバイザー ▶▶▶ p.68　ホステッドプライベートクラウド ▶▶▶ p.28

Chapter 5　通信事業者ならではの高い通信品質が強み

08 KDDIのクラウドサービス

　KDDIはユーザー企業向けに、通信事業者ならではの高い通信品質を生かした、仮想サーバーの月間稼働率99.99%の高信頼を保証する**「KDDIクラウドプラットフォームサービス（略称：KCPS）」**を提供しています。

● KDDIクラウドプラットフォームサービスの特徴

　「KDDIクラウドプラットフォームサービス」では主なサービスとして、仮想サーバー（共有サーバータイプと専有サーバータイプ）、ベアメタルサーバー、オブジェクトストレージ、ファイルサーバーを提供しています。

　共有仮想サーバーの**「Value」**は、「Small1」から「XXLarge1」まで11種類のスペックから選択できます。また、専有仮想サーバーの**「Premium」**は、仮想化基盤を「KVM」と「VMware」から選択できます。

　KDDIでは、**閉域イントラ網「KDDI Wide Area Virtual Switch（略称：KDDI WVS）」、「KDDI Wide Area Virtual Switch 2（略称：KDDI WVS2）」**を標準提供しており、通信のセキュリティが確保されたクラウド環境を構築することができます。

　仮想サーバーの「Value」や「Premium」は、コンソール画面からオンデマンドでサーバーを作成できるなど、セルフサービスで利用できます。また、KDDIが提供するネットワークサービスとのトータルな運用サポートにより、信頼性・可用性の高いサービス環境が利用できます。運用・監視のマネージドオプションとしては、ユーザー企業の利用システムに応じて最適な監視を自動で設定する「Basic」と、障害対応・定常作業も行う「Professional」を提供しています。

　主なユーザー企業は製造業や流通業などで、KDDIの閉域イントラ網「KDDI Wide Area Virtual Switch」を利用し、基幹系や情報系などの社内向けシステムの基盤として利用するケースが多くを占めています。また、**auのモバイルビジネスの基盤としても利用されている**ことから、モバイルを活用したコンシューマー向けのコンテンツビジネスを展開するエンターテイメント事業者にも利用されています。

イメージでつかもう！

● KDDIの「KDDIクラウドプラットフォームサービス」の概要

「KDDIクラウドプラットフォームサービス（略称：KCPS）」は、専有サーバーもオンデマンドで提供可能な、高いセキュリティとさまざまなシステムに対応する柔軟性を兼ね備えたクオリティの高いクラウド基盤です。

サービスの全体像

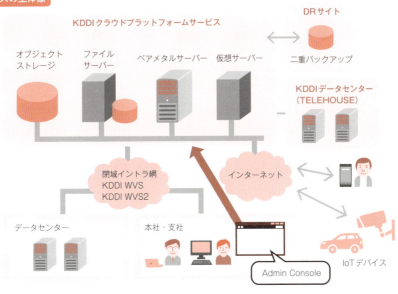

サービス機能	概要
共有サーバー（Value）	11種類のスペックの仮想サーバーから選択
専有サーバー（Premium）	物理サーバーが専有で割り当てられ、その上で仮想サーバーを構築
追加ディスク	データベースに適したシステムストレージと、ファイル保存に適したデータストレージの2種類
ベアメタルサーバー	ユーザー自身が任意のOS環境、仮想マシンを構築できるベアメタルサーバーを4種類のスペックで提供
バックアップ	OS起動ドライブ／追加ディスクのデータを、国内の2サイトのデータセンターにバックアップ
マネージドオプション／構築・運用・監視メニュー	ユーザーの要望に応じてシステムの構築、運用、監視を行う
ファイルストレージ	複数のSSDを連結したオールフラッシュアレイ採用のファイルサーバーを提供
オブジェクトストレージ	堅牢性が99.999999999999%のオブジェクトストレージ。Amazon S3互換のREST API、Java SDKを提供
ネットワーク	インターネット接続と閉域イントラ網接続に対応。ファイアウォール機能、負荷分散機能を提供
Admin Console	管理画面。仮想サーバー、追加ディスク、オブジェクトストレージの作成・削除、ネットワークの各種設定、利用状況の確認、バックアップ作成など

関連用語　オブジェクトストレージ ▶▶▶ p.76

Chapter 5　VMware ベースの基盤と信頼性の高いネットワークを提供

09 ソフトバンクのクラウドサービス

ソフトバンクは、IaaS を中心とした企業向けクラウドサービス**「ホワイトクラウド ASPIRE」**（アスパイア）を提供しています。

● ホワイトクラウド ASPIRE の特徴

「ホワイトクラウド ASPIRE」は、**VMware の仮想化基盤**をベースに、ソフトバンクの信頼性の高いネットワーク・国内データセンター（東日本サイト／西日本サイト）を組み合わせた、仮想サーバーおよびネットワークの稼働率 99.999%を誇るクラウドサービスです。

「ホワイトクラウド ASPIRE」のサーバーリソースの提供メニューは、利用用途に合わせて、月額固定の「リソースプール型」、「サーバ専有型」、「リモートバックアップ型」と、時間従量の「従量課金型」の 4 つのタイプを提供しています。仮想サーバーのサイズはサーバーリソースの範囲内で自由に設定できるようになっています。

標準で提供されるインターネット接続、ファイアウォール以外にも、ロードバランサー、VPN 接続といったさまざまなネットワーク機能をオプションで提供しています。ストレージは、SSD タイプ、リモートバックアップタイプ、エコノミーストレージタイプの 3 つを提供しています。

VMware 基盤を採用しているため、VMware ベースのオンプレミスシステムから構成を変えずに簡単な移行が実現でき、クラウドとオンプレミスのハイブリッド環境を同じ感覚で運用管理することが可能です。また、ソフトバンクのクローズドネットワーク経由で AWS、Microsoft Azure、Google Cloud Platform、そして Alibaba Cloud の各クラウドサービスへアクセスすることでセキュアなサービスの利用が可能な、ゲートウェイサービスを提供しています。

「ホワイトクラウド ASPIRE」の利用実績としては、製造業やサービス業を中心に幅広い業種の企業に利用されています。

ソフトバンクは、2018 年 3 月に IDC フロンティアを 100%子会社にし、大企業から中小企業、個人事業主まで対応したサービスメニューを提供しています。

イメージでつかもう！

● ソフトバンクの「ホワイトクラウド ASPIRE」の概要

ホワイトクラウドASPIREは、ソフトバンクが提供するネットワークサービスをはじめ、データセンター・マネージドサービスなどの複数のサービスとの連携が可能です。

主なサービスのラインナップ

仮想サーバー（月額固定）
・リソースプール型　・サーバ専有型　・リモートバックアップ型

仮想サーバー（時間従量）
・従量課金制

内部ストレージ

バックアップなし
・SSDタイプ　・追加ストレージ（エコノミーストレージタイプ）

バックアップあり
・SSDタイプ　・リモートバックアップタイプ　・DRバックアップタイプ

ポータル
・サポートポータル
・プロビジョニングポータル

無料提供ネットワークサービス
・インターネット（1Gpbs共有）　・グローバルIPアドレス（1個）
・ソフトウェアファイアウォール（冗長構成）

ネットワークのオプション
・L2セグメント　・インターネット接続
・グローバルIPアドレス
・ファイアウォールリソース拡張
・専用型ロードバランサー

その他のオプション
・Windows Serverライセンス　・SQL Serverライセンス
・Remote Destop Serverライセンス　・MS Officeライセンス
・Red Hat Enterprise Linux
・アドバンストモニタリング　など

市場シェアの高いVMwareの仮想化基盤をベースとしており、同じVMwareベースのオンプレミス環境との間で容易にアプリケーションの移行が可能です。

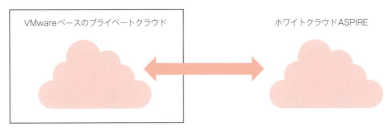

関連用語　仮想サーバー ▶▶▶ p.46　クラウド基盤ソフトウェアの統一 ▶▶▶ p.120　リフト＆シフト ▶▶▶ p.56

Chapter 5 ハイブリッドクラウドを想定した環境を提供

10 富士通グループのクラウドサービス

　富士通グループは、これまで「FUJITSU Cloud Service」として提供してきたクラウドなどのITサービス群を大幅に刷新した**「FUJITSU Hybrid IT Service」**を提供しています。

　従来のクラウドサービス「FUJITSU Cloud Service for OSS/VMware」は**「FUJITSU Hybrid IT Service FJcloud」**として刷新され、OSSベースのクラウドサービス**「FUJITSU Hybrid IT Service FJcloud-O」**、ヴイエムウェアのサービス群をベースにしたクラウドサービス**「FUJITSU Hybrid IT Service FJcloud-V」**、ベアメタルサーバを活用したクラウドサービス**「FUJITSU Hybrid IT Service FJcloud-ベアメタル」**などから構成されています。

● **FUJITSU Hybrid IT Service FJcloud-Oの特徴**

　「FUJITSU Hybrid IT Service FJcloud-O」は、オープンソースのIaaS基盤ソフトウェアのOpenStackをベースとしたオープンな仕様のクラウド基盤です。データベースやDevOps、IoT、AIなどのPaaSサービスを提供しており、新規ビジネスのためのシステム（SoE）と業務システム（SoR）の双方に対応することができます。

　「FUJITSU Hybrid IT Service FJcloud-O」のIaaSのシステムリソースでは、仮想／専有仮想サーバーを提供する「コンピュート」や、専有物理サーバーの「ベアメタル」を提供し、仮想サーバーは単一ゾーン構成での稼働率99.99％を保証しています。

　オンプレミスシステムのクラウド移行に際しては、VMware環境からの移行を容易にする「FUJITSU Hybrid IT Service FJcloud-V」を提供しています。

　「FUJITSU Hybrid IT Service FJcloud-O」のPaaSでは、**富士通のシステム開発のノウハウをベースにした開発者向けのサービスが充実しています**。その他、システム開発時のソフトウェアの変更履歴を管理する「GitHub Enterprise」、AIサービス「Zinraiプラットフォームサービス」、IoTデータ活用基盤「IoT Platform」など、デジタルビジネスを支援するプラットフォームサービスを充実させています。

　富士通のクラウドサービスの主な利用実績としては、製造業や流通業をはじめ、金融、公共などの幅広い分野の情報システムの基盤などが挙げられます。

> **プラス1** 富士通クラウドテクノロジーズが提供するパブリッククラウドサービス「ニフクラ」は、「FUJITSU Hybrid IT Service FJcloud-V」のラインナップの1つです。

イメージでつかもう！

● 富士通グループの「FUJITSU Hybrid IT Service FJcloud-O」の概要

「FUJITSU Hybrid IT Service FJcloud-O」は、オープンソースのIaaS/PaaS基盤ソフトウェアをベースとしています。富士通の持つ各業界向けのシステムエンジニアリングのノウハウと、自社内での運用ノウハウを生かしたサービスを提供しています。

主なサービスのラインナップ

PaaS

- **らくらくサービスデリバリー基盤**
  - ビジネスサポート
    - 顧客管理／契約管理／料金計算／決済ゲートウェイ
  - 認証サービス
  - ログ監査サービス

- **アプリケーション開発／実行基盤**
  - API Management
    - ・安全なAPI公開／利用状況分析
  - ワークフローサービス
  - システム監視サービス

- **開発支援**
  - GitHub Enterprise
    - ・コードホスティング、コラボレーション

- **業種・業務プラットフォーム**
  - COLMINA Platform
    - ものづくりの知見をつなぐプラットフォーム

- **AI（人工知能）**
  - Zinraiプラットフォームサービス
    - 知覚・認識、知識化、判断・支援、ディープラーニング

- **IoTデータ活用基盤**
  - IoT Platform
    - IoT向けデータ送受信・蓄積・リアルタイム判断

- **音声認識**
  - Voice Operation
    - 音声認識実行環境、開発キット

IaaS

- **インフラストラクチャー**
  - ソフトウェアカフェテリア
    - 従量制ミドルウェアサービス
  - IaaS
    - OpenStackベースのインフラ環境、OS提供、ベアメタルサービス
  - コンテンツ配信
  - 監視サービス
  - メール配信
  - コンピュート
    - 仮想サーバ、ストレージ、OSなど
  - ベアメタル
    - 物理サーバ、ストレージ、OSなど
  - データベース
    - Oracle DB、PostgreSQLなど
  - セキュリティ
    - 24時間365日体制でのクラウド基盤運用
  - テンプレート
    - ユーザーが構築したリソースのテンプレート作成
  - ネットワーク
    - インターネット経由でアクセス可能な仮想インフラ

サポート／オプションサービス
- プライベート接続
  - オンプレミス・ホスティングなどを閉域／直接接続
- ヘルプデスクサービス

Chapter 5 クラウドサービス事業者

関連用語　DevOps ▶▶▶ p.124　OpenStack ▶▶▶ p.78　SoE ▶▶▶ p.106　SoR ▶▶▶ p.106　ゾーン ▶▶▶ p.48

Chapter 5　多様なニーズやシステム要件に対応できる

11 NECのクラウドサービス

　NECでは**「NEC Cloud Solutions」**というブランドでクラウドのサービスや製品から、導入・運用支援までのメニューを用意しています。

　「NEC Cloud Solutions」のサービスの中心でIaaSの位置付けとなる**「NEC Cloud IaaS」**は、企業・団体向けの柔軟かつ高信頼なクラウド基盤サービスです。「NEC Cloud IaaS」では「仮想サーバサービス」として、OpenStackを採用した「スタンダード（STD）」と上位モデルの「スタンダードプラス（STD-Plus）」、VMware vSphereを採用した「ハイアベイラビリティ（HA）」、また物理サーバーを専有利用できる「物理サーバサービス」を提供しています。各サービスを組み合わせて利用できるため、IoTなどの新規システムから基幹系システムまで、多様なニーズやシステム要件に合わせた構成を実現できます。

　また、**「セルフサービスポータル」**により、サーバーやストレージ、ネットワークなどのリソースの作成や変更が行えるプロビジョニング機能や、監視設定、リソース利用状況参照などの統合運用管理機能をユーザー自身で操作・利用できます。オンプレミス環境や他社のクラウドサービスなどを含めた管理が可能なため、ハイブリッドクラウド環境の効率的な運用が行えます。さらに**日々の運用作業をNECに委託することも可能**です（「Remote Infrastructure Managementサービス」）。

　「NEC Cloud IaaS」は日本国内に設置したNECのコアデータセンターから提供されており、ハウジングエリアとのL2接続によるシームレスな接続も特徴です。ネットワークメニューも充実しており、オンプレミス環境との接続はもとよりAWSやMicrosoft Azureといった他事業者が提供するクラウドサービスとの閉域網接続も選択できます。

　利用事例としては、コミュニケーション基盤のようなフロントオフィス領域から、基幹系や情報系システムのクラウド化まで、業種を問わず活用が進んでおり、ハウジングとクラウドの併用などハイブリッド環境のパターンが増えてきています。

　NECのクラウド基盤には、PaaSの**「NEC Cloud PaaS」**、オンプレミス設置（所有型）の**「NEC Cloud System」**、オープンソースの組み合せによる**「NEC Cloud System（OSS構築モデル）」**があります。

イメージでつかもう！

● NECの「NEC Cloud IaaS」の概要

NECは、IaaSの位置付けである「NEC Cloud IaaS」だけでなく、「NEC Cloud Solutions」という名称で、サービスや製品から、導入・運用支援までのメニューを用意し、さまざまな規模・業種・用途向けに提供しています。

サービスの全体像

NEC Cloud IaaS
- NEC神戸データセンター： クラウド ⇔ ハウジング（連携可能）
- NEC神奈川データセンター： クラウド ⇔ ハウジング（連携可能）
- 神戸 ⇔ 神奈川：DR
- NECデータセンター間接続（閉域網） → 他のNECデータセンター
- 他社クラウド接続（閉域網） → 他社クラウド
- WAN接続（専用線、VPN） → データセンター
- インターネット → 本社・支社

セルフサービスポータル
- NEC Cloud IaaSのリソース作成・削除・変更
- 他社クラウドやオンプレミスまで含めた統合運用管理

主なサービスのラインナップ

サポート	サーバー（仮想：共有）	サーバー（物理：専有）
・ベーシックサポート ・アドバンストサポート	・スタンダード（CentOS、Ubuntu、Windows Server） ・スタンダードプラス（CentOS、Red Hat Enterprise Linux、Windows Server） ・ハイアベイラビリティ（Red Hat Enterprise Linux、Windows Server）	・物理サーバー（Xeon）（vSphere、Red Hat Enterprise Linux、Windows Server） ・物理サーバー（NX）（vSphere）

リソース調達	ストレージ・バックアップ
・ポータル ・オートスケール ・テンプレート／VMイメージ	・データディスク ・ファイルストレージ ・オブジェクトストレージ ・バックアップ ・遠隔地バックアップ

	ネットワーク
	・基本ネットワーク ・ファイアウォール ・負荷分散 ・仮想ルーター ・MTA／DNS ・ハウジング連携ネットワーク接続 ・VPN／専用線接続 ・インターネット接続 ・データセンター間ネットワーク接続 ・パブリッククラウド接続

運用	セキュリティ
・統合運用管理 ・監視／音声エスカレーション ・Remote Infrastructure Managementサービス	・サイバー攻撃対策 ・セキュリティ監視 ・ID&アクセス管理 ・認証サービス連携 ・内部統制保障報告書

Chapter 5　クラウドサービス事業者

関連用語　OpenStack ▶▶▶ p.78　データセンター ▶▶▶ p.92　ハイブリッドクラウド ▶▶▶ p.118

Chapter 5 パブリックとプライベートの要素を併せ持つ

12 インターネットイニシアティブ（IIJ）のクラウドサービス

　インターネットイニシアティブ（IIJ）は、パブリッククラウドとプライベートクラウドを融合した**「IIJ GIO インフラストラクチャー P2（以下 IIJ GIO P2）」**を提供しています。

● IIJ GIO P2 の特徴

　「IIJ GIO P2」は、**1 つのクラウドサービスでありながら、パブリッククラウドとプライベートクラウドの要素を併せ持つ**ことが大きな特徴で、2 つのサーバーリソース群（「パブリックリソース」と「プライベートリソース」）と、「ストレージリソース」で成り立っています。

　「パブリックリソース」は、3 つの異なる特徴を持つ仮想サーバーを中心としたリソース群です。コスト重視で利用可能な従量課金制の「ベストエフォートタイプ」、性能を確実に割り当てて利用できる「性能保証タイプ」、物理サーバーと同等以上の入出力性能が発揮できる「専有タイプ」があり、これらを組み合わせ、切り替えることで、多種多様なシステムに対応できます。

　「プライベートリソース」は、ユーザー企業専用の VMware プラットフォーム（VWシリーズ）と物理サーバーを中心としたリソース群です。オンプレミスと変わらない操作権限、VMware 環境に最適なネットワーク構成をすぐに利用でき、**基幹系システムやグループ統合基盤に適しています。**IIJ では、オンプレミスの VMware 環境を IIJ のクラウドサービスへ簡単に移行できるパッケージ「IIJ クラウドスターターパッケージ for VMware」を提供しています。

　SAP の基幹系システムの本番環境としての採用実績が増加しており、SAP 社の認定も取得しています。基幹系システムを安心して預けられる高いサービスレベルと、セキュリティを実現可能です。

　「IIJ GIO P2」では、「パブリックリソース」を利用した Web システムや情報系システム、「プライベートリソース」を利用した基幹系システムなど、あらゆる企業システムをクラウド化することが可能です。特に、ユーザー企業の基幹系システムでの導入が進んでいます。

> **プラス1** IIJ では「IIJ GIO インフラストラクチャー P2」の次世代モデルとして、2021 年 10 月より「IIJ GIO インフラストラクチャー P2 Gen.2」を提供しています。

イメージでつかもう！

● インターネットイニシアティブの「IIJ GIO インフラストラクチャーP2」の概要

「IIJ GIO P2」は、パブリッククラウドとプライベートクラウドの要素を併せ持ち、2つのサーバーリソース群（「パブリックリソース」と「プライベートリソース」）と、「ストレージリソース」を提供しています。

「パブリックリソース」の仮想サーバー

仮想サーバーとOSがプリインストールされたシステムストレージ（OSはLinuxとWindows Serverが選択可能）が提供されます。追加ストレージやネットワークもオプションで選択できます。

ベストエフォートタイプ
- 複数契約者でハードウェアリソースを共有。
- CPUリソースを複数契約者で分配利用する。
- メモリは固定的に割り当て。
- 起動時間と転送量による従量課金。
- インターネット接続は1Gpbsベストエフォート。プライベートネットワークはグレードに応じて帯域設定。

性能保証タイプ
- 複数契約者でハードウェアリソースを共有。
- CPUリソース、メモリを固定的に割り当て。
- 月額固定課金。
- 通信はグレードに応じて帯域設定。

専有タイプ
- 物理筐体を1つの仮想サーバーで専有。
- 高負荷に耐えうるI/O性能。
- 月額固定課金。
- インターネット接続は不可。プライベートネットワークは8Gbpsベストエフォート。

「プライベートリソース」のサーバー

専用のVMware仮想化プラットフォーム、または物理サーバーが提供され、OSを自由にインストールできます。サーバー、ストレージ、ネットワークの3つのリソースのプランを組み合わせて利用します。

VMware仮想化プラットフォーム
- IIJのクラウド環境上のVMware vSphere ESXiサーバーが利用できる。
- VMware環境に必要なデータストア、管理サーバー、管理ネットワークをパッケージで提供。

物理サーバー
- シングルタイプとクラスタタイプから選択できる。

「ストレージリソース」

ストレージリソース（NAS）はパブリックリソースからもプライベートリソースからも利用できます。

パブリックリソース　プライベートリソース

ストレージリソース

ネットワーク機能はインターネット接続、VLAN、ファイアウォール、ロードバランサーが利用できます。

Chapter 5　クラウドサービス事業者

関連用語　パブリッククラウド ▶▶▶ p.26　プライベートクラウド ▶▶▶ p.26

Chapter 5 スモールスタートでも導入しやすい

13 IDCフロンティアのクラウドサービス

　ソフトバンク株式会社の100％子会社であるIDCフロンティアは、通信事業者のバックグラウンドを持ち、国内の自社データセンターと国内有数規模の大容量ネットワークを保有して、2009年から企業向けクラウドサービスを展開しています。月間仮想マシン稼働率およびインターネット接続可用性は99.999％と高い品質を保証しています。

　クラウドサービスのラインナップの中心となる**「IDCFクラウド」**は、最小構成の仮想サーバーが月額500円から利用でき、**スモールビジネスや小規模システムでも導入しやすい**サービスになっています。その他、マネージドクラウド、プライベートクラウド、データセンター（コロケーション）サービスがあり、「IDCFクラウド」とそれらを閉域網で組み合わせ、ハイブリッドに利用できることも特色です。

　DDoS対策の標準提供や、WAF（Web Application Firewall）、IPS/IDS（侵入防御／侵入検知）などのネットワークセキュリティサービスも揃えています。物理サーバー（ベアメタルサーバー）や、高耐久でデータ容量無制限のオブジェクトストレージ、クラウドストレージ、リレーショナルデータベース（RDB）、コンテンツキャッシュ（CDN）、高性能ロードバランサーの「インフィニットLB」など、周辺サービスのラインナップも充実しています。

　また、「IDCFクラウド」の料金体系は、**仮想サーバーなどの料金に月額上限が設けられており**、ネットワーク料金は定額制のプランも提供しています。

　サービスの性能面では、**最速20秒での仮想サーバー作成が可能**です。それ以外にも、入出力のパフォーマンスを高めるためにディスクにオールフラッシュストレージを採用したり、高速PCI-SSDであるioMemoryを搭載した専有型の仮想サーバーも用意されています。

　国内のリージョンは東日本と西日本の1,000km以上離れた地域へ設置されていて、自社の閉域網を用いてクラウドのリージョン間を無料で接続できます。これは管理画面から1分程度で設定可能で、企業利用においては広域サイト分散や遠隔バックアップなどの用途にも適しています。

プラス1 IDCフロンティアは、2019年4月1日にレンタルサーバーサービスなどを提供するファーストサーバを吸収合併しました。

イメージでつかもう！

● IDCフロンティアの「IDCFクラウド」の概要

IDCFクラウドは、初期費用0円、業界最安水準1時間1円、1カ月500円から始められるパブリッククラウドサービスです。

主なサービスのラインナップ

負荷分散	RDB	クラウドストレージ	コンテンツキャッシュ	DNS
グローバルサーバー負荷分散	プライベートコネクト	DDoS対策	不正侵入検知／防御	仮想サーバー
ハードウェア専有SSD	ファイアウォール	ロードバランサー	スナップショット	リモートアクセスVPN
クラウドコンソール	2段階認証	クラウドAPI	テンプレート	リージョン／ゾーン
ボリューム	サポート	モニタリング	プッシュ通知	メール配信

IDCFクラウドの提供リージョン

複数のリージョン・ゾーンを利用してシステムを構築することで、冗長化によるシステム停止リスクの回避や負荷分散などが可能となり、可用性を高めることができます。

Chapter 5 クラウドサービス事業者

関連用語　CDN ▶▶▶ p.164　オブジェクトストレージ ▶▶▶ p.74　リージョン ▶▶▶ p.48

Chapter 5 シンプルな料金体系で低価格で利用できる

14 さくらインターネットのクラウドサービス

さくらインターネットが提供する**「さくらのクラウド」**は、サーバーやディスク、オブジェクトストレージ、ネットワーク、セキュリティなどの**基本的な IaaS の機能を、シンプルな料金体系かつ低価格で提供する**クラウドサービスです。

● さくらのクラウドの特徴

サーバーの価格は**「サーバープラン」**と**「ディスクプラン」**の合計のみで、データ転送量やリクエスト数に応じた課金は発生しません。また、日割料金・時間割料金・月額料金の設定から、利用した期間に応じて自動的に最安の価格が適用され、利用開始から 20 日未満は日割で、20 日の時点で月額料金が適用されます。

リージョンは東京ゾーンと石狩ゾーン（北海道）の 2 つから選択でき、双方のゾーンでバックアップをとるなど、DR(Disaster Recovery) 対策を想定した冗長構成をとることができます。

また、ユーザーインターフェイスには、仮想サーバーやスイッチがどのように接続されているかがわかる**「マップ機能」**や、仮想サーバーを直接操作できる**「リモートスクリーン」**などが提供されていて、各サービスの設定をブラウザのコントロールパネルから簡単に行うことができます。

「さくらのクラウド」では API を装備しており、仮想サーバーのスケールアップやスケールアウト、インフラ管理や運用の自動化を行うことができます。

利用用途に応じて、「さくらの専用サーバ」や「ハウジング」などとの接続によるハイブリッドクラウドの環境が利用でき、クラウドサービスの柔軟性と物理サーバーやハウジングのマシンパワーの両方を使い分けることができます。

「さくらのクラウド」の主な利用用途として、**Web サービスやスマホ向けサービスの運営、新しいサービスを立ち上げるスタートアップ企業や、アプリ開発**などを中心に利用されています。

> **プラス 1** さくらのクラウドでは、長期利用で利用料金を最大 20% 割り引く料金割引プラン「割引パスポート」を提供しています。

イメージでつかもう！

● さくらインターネットの「さくらのクラウド」の概要

「さくらのクラウド」は、東京リージョンと北海道の石狩リージョンの2つから選択でき、仮想サーバーの豊富なラインナップをシンプルな料金で低価格で提供しています。

主なサービスのラインナップ

サーバー／ディスク
・仮想サーバー
・標準／SSDディスク
・バックアップアーカイブ
・ISOイメージ
・スタートアップスクリプト
・クラウドカタログ

ネットワーク
・スイッチ
・ルーター
・ブリッジ接続
・VPCルーター

セキュリティ
・VPCルーター
・SSL証明書
・改ざん検知
・Webアプリケーションファイアウォール

負荷分散
・サーバー負荷分散
・グローバル負荷分散

ユーザーインターフェース
・コントロールパネル
・リソースマネージャ
・API

アクセスコントロール
・2段階認証
・ユーザーアカウント機能
・アクセスレベル

オプションサービス
・データベース
・DNS
・シンプル監視
・SendGrid
・NFS

サービス間接続
・ハイブリッド接続
・プライベートリンク
・AWS接続オプション

さくらインターネットのホスティングサービス、ハウジングサービスとハイブリッド接続

サービスの料金体系

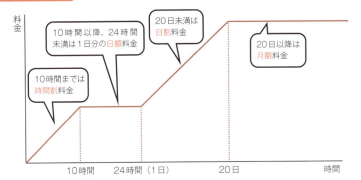

- 10時間までは**時間割料金**
- 10時間以降、24時間未満は1日分の**日額料金**
- 20日未満は**日割料金**
- 20日以降は**月額料金**

さくらのクラウドは、利用時間に合わせて一番安い料金が適用される、おトクな料金体系です。20日未満の利用は日割精算、それ以降は20日分の料金（月額料金）で固定です。データ転送量による従量課金がないため、想定外の出費となることがありません。

Chapter 5　クラウドサービス事業者

関連用語　API ▶▶▶ p.96　オブジェクトストレージ ▶▶▶ p.76　ハイブリッドクラウド ▶▶▶ p.118
リージョン ▶▶▶ p.48

Chapter 5 パブリッククラウドとプライベートクラウドを低価格から提供

15 GMOクラウドのクラウドサービス

　GMOクラウドは、パブリッククラウドサービスの**「GMOクラウド ALTUS(アルタス)」**と、プライベートクラウドサービスの**「GMOクラウド Private」**を提供しています。

● GMOクラウド ALTUS と GMOクラウド Private の特徴

　パブリッククラウドサービスである「GMOクラウド ALTUS」の主なサービス構成は、コストパフォーマンスに優れた**「Basicシリーズ」**と、専用セグメント（VLAN）環境でシステムを構築できる**「Isolate(アイソレート)シリーズ」**、ストレージサービスの**「オブジェクトストレージ」**となっています。

　「Basicシリーズ」は、ポータル画面から仮想サーバーの作成・削除などセルフサービスでリソースの設定や変更ができます。**データ転送量は無料となっており、アクセスの多いWebサイトなどでも低価格で利用できます。**また、コマンドを使わずにGUIで簡単にサーバーの構築・運用が可能なプラットフォーム「Plesk」を提供しています。

　「Isolateシリーズ」は、専用セグメント（VLAN）環境にシステムを構築できるサービスで、基本構成は「仮想サーバー」「仮想ルーター」「ルートディスク」の組み合わせから利用できます。

　一方、プライベートクラウドの「GMOクラウド Private」はVMwareベースとなっており、小さなリソースから始められる「バリューシリーズ」、物理サーバー単位で提供する「スタンダードシリーズ」のプランから選択できます。

　GMOクラウドの主な利用用途として、「GMOクラウド ALTUS」は、**Webサイトやゲームサイトなどエンターテイメント用途の、社外向けサービス基盤や開発環境としての利用**が中心となっています。

　「GMOクラウド Private」の利用用途は、ユーザー企業の社内システム基盤が中心となっており、ハウジングサービスなどとの連携によるハイブリッドクラウドとしての利用も多くなっています。

イメージでつかもう！

● GMOクラウドの「GMOクラウド ALTUS」「GMOクラウド Private」の概要

「GMOクラウド ALTUS」は、コストパフォーマンスに優れた「Basicシリーズ」と、専用セグメント（VLAN）環境でシステムを構築できる「Isolateシリーズ」を提供しています。データ転送料金は無料です。

Isolateシリーズの場合は、仮想ルーター、ローカル接続などを利用して専用セグメント（VLAN）にシステムを構築可能

GMOクラウド ALTUSの主なサービスのラインナップ

標準機能（Basicシリーズの場合）

- 仮想サーバー（カスタム／固定）
- ストレージ（ルート／データ／バックアップ）
- アップロード／ダウンロード
  （ISOイメージ／テンプレート／ボリューム）
- API
- ファイアウォール
- バックアップ（スナップショット）
- OSテンプレート／ISOイメージ
  （CentOS ／ Ubuntu ／ Windows Server）
- アカウント権限
- アフィニティグループ
  （仮想サーバーを異なる物理サーバーに分散配置）
- ロードバランサー（L4／L7）
- 高可用性（HA機能）

オプション
- Plesk
  （サーバー管理ツール）
- SSL証明書
- ドメイン

コマンド操作なしで簡単にサーバー構築・運用が可能

ソリューション
- セキュリティ
- ファイルサーバー
- ネットワーク
- オブジェクトストレージ
- CMS

マネージドサービス
- 導入支援
- ヘルプデスク
- セキュリティオプション
- 設定代行
- 監視・復旧サービス

ユーザーインターフェース
- サーバー管理
  ALTUSポータル
- サーバー設定
  ALTUSコンソール

GMOクラウド Privateの主なサービスのラインナップ

バリュー
- ハイパーバイザー共有（VMware vSphere ESXi）
- CPU（1～16vCPU）　・メモリ（1～16GB）
- HDD（30GB）　・VLAN（2つ）

スタンダード
- ハイパーバイザー専有（VMware vSphere ESXi）
- CPU（12コア／24コア）　・メモリ（24GB／48GB）
- VLAN（2つ）

オプション
- リソース追加（CPU／メモリ／ストレージ）
- インターネット回線
- ファイアウォール（専有物理／専有仮想／共有仮想）
- ロードバランサー
- IDS／ADS
- 拠点間VPN
- ハウジング連携
- バックアップ
- VMware管理コンソール
- Windows Server、SQL Server

マネージドサービス
- 監視復旧
- HV稼働レポート
- 共用ファイアウォール設定変更
- 仮想サーバー作成代行
- 仮想サーバーインフラ設定変更
- ディスク容量追加
- バックアップ設定変更
- SSL設定代行
- 仮想サーバーデータエクスポート代行
- 仮想サーバーデータインポート代行
- 設定代行
- 休日・夜間作業代行

関連用語　VLAN ▶▶▶ p.82　パブリッククラウド ▶▶▶ p.26　プライベートクラウド ▶▶▶ p.26

Chapter 5　会計システムとパッケージ化されたサービスも提供

16 ビッグローブのクラウドサービス

　ビッグローブは、**「BIGLOBE クラウドホスティング」**、**「BIGLOBE クラウドストレージ」**、**「BIGLOBE ファイルサーバ」**、**「BIGLOBE クラウドメール」**などのクラウドサービスを提供しています。

● **BIGLOBE クラウドホスティングの特徴**

　IaaS の位置付けとなるのが、「BIGLOBE クラウドホスティング」です。「BIGLOBE クラウドホスティング」は、ユーザー自身がコントロールパネルから東日本リージョンと西日本リージョンを選択し、最短 5 分でサーバーリソースを利用することができます。コントロールパネルからは、仮想サーバーの作成や削除だけでなく、リソース確認やサーバー監視などの作業も行えます。

　料金プランは、月額固定料金と時間従量課金のプランから選択できます。利用用途に応じて随時変更可能です。

　「BIGLOBE クラウドホスティング」は、ユーザー企業のオンプレミス環境とクラウドサービス間を VPN 回線や**ユーザー企業の指定回線によるセキュアな通信**で接続でき、ユーザー企業のオンプレミス環境の延長として、ハイブリッドな環境を構築できます。

　「BIGLOBE クラウドホスティング」では、**会計システムの「奉行シリーズ」、「PCA シリーズ」、「弥生シリーズ」、「大臣シリーズ」**をクラウドサービスでスムーズに導入・移行できるよう、あらかじめ会計システムの導入に必要なマイクロソフトのライセンスやソフトウェアのインストールや設定を済ませた**「業務サーバパック」**を利用することができます。

　「BIGLOBE クラウドホスティング」の主な利用用途としては、企業の Web サイト構築・運用、Web アプリケーション開発や SaaS 基盤から、数百名規模のユーザー企業の財務会計システム、人事管理システム、給与計算システムをパッケージで利用するといったケースが挙げられます。

イメージでつかもう！

● ビッグローブの「BIGLOBEクラウドホスティング」の概要

「BIGLOBEクラウドホスティング」は、コントロールパネルから容易に設定でき、月額固定料金と従量課金のプランから選択できるなど、IaaSの基本的な機能を提供しています。会計システムとパッケージ化された「業務サーバパック」も利用できます。

サービスの全体像

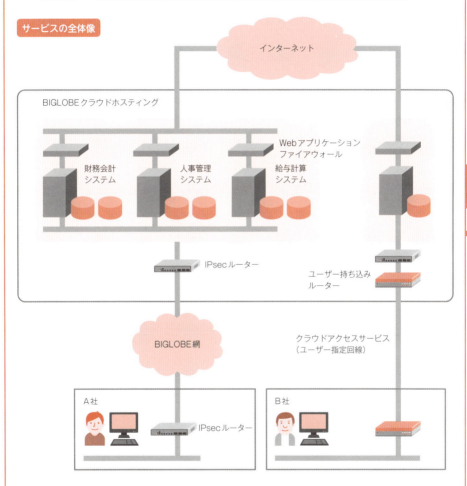

他にもオンラインストレージの「BIGLOBEクラウドストレージ」や、ファイルサーバー構築・運用サービスの「BIGLOBEファイルサーバ」、メールシステム構築・運用サービスの「BIGLOBEクラウドメール」があります。

関連用語　SaaS ▶▶▶ p.20　リージョン ▶▶▶ p.48

COLUMN

その他の事業者のクラウドサービス／クラウドソリューション

　本章で紹介できなかった事業者のクラウドサービス／クラウドソリューションを紹介します。

　SI事業者の多くは、自社のクラウドサービスをベースとして、AWSなどのハイパースケールクラウド事業者との連携によるハイブリッドクラウドや、自社のシステムインテグレーションを生かしたクラウドソリューションを展開しています。

事業者	サービス／ソリューション
オラクル	50を超えるサービス群を統合した企業向けのパブリッククラウドサービス「Oracle Cloud Infrastructure」を提供
伊藤忠テクノソリューションズ（CTC）	IaaS/PaaS/SaaS、プライベートクラウドを総称して「Cloudage」というサービスブランドで提供。IaaS/PaaSでは、自社のデータセンターで運用するパブリッククラウドサービス「TechnoCUVIC」を提供
新日鉄住金ソリューションズ	自社のデータセンターで運用するマネージドクラウドサービス「absonne（アブソンヌ）」を提供
SCSK	プライベートモデル、シェアードモデル、パブリッククラウドモデルを総称してクラウドサービス「USiZE（ユーサイズ）」を提供
日本ユニシスグループ	フルマネージド型クラウドサービス「U-Cloudサービス」を提供
富士通クラウドテクノロジーズ	パブリッククラウドサービス「ニフクラ（旧名称：ニフティクラウド）」を提供
楽天コミュニケーションズ	楽天クラウドのラインナップとして、「楽天クラウド Red Hat OpenStack Platform」や「楽天クラウド オブジェクトストレージ」などを提供
ソニーネットワークコミュニケーションズ	VMware vSphere環境を専有型で提供するクラウドサービス「マネージドクラウド with Vシリーズ」を提供
カゴヤ・ジャパン	「KAGOYA専用サーバーFLEX」のサービスにおいて「クラウドサーバー」を提供
リンク	物理サーバーオンデマンドで利用できる「ベアメタルクラウド」を提供
NTTグループ	NTT東日本：「クラウドゲートウェイ サーバーホスティング」 NTTスマートコネクト：「スマートコネクト クラウド プラットフォーム」 NTTPCコミュニケーションズ：「カスタムクラウド」 などを提供

Chapter

6

業種別・目的別 クラウド活用例

この章では、クラウドの主な使われ方について、業種別・目的別で紹介します。さまざまなクラウドの利用パターンを知ることで、これからのコンピューターシステム構築のあり方が見えてくるでしょう。

Chapter 6　活用の幅はどんどん広がっている

01 クラウドサービスの利用パターン

● 利用パターンは大きく4種類

　クラウドサービスの利用パターンは、大きく分けると4種類に分類できます。ECサイトや動画配信のWebサイトなどの基盤として利用される**「B to C分野」**、企業の社内システムの基盤として利用される**「エンタープライズ分野」**、自治体や教育などの公共利用の基盤として利用される**「公共分野」**、IoTや人工知能（AI）、ビッグデータ分析などの**「新事業分野」**です。

　クラウドサービスが提供された当初は、主にWebサイトやアプリケーション開発環境として利用されていました。その後、VPN網や専用線などのネットワークサービスやデータベースなどの機能の充実が進み、サービスの信頼性・安定性が向上したことで、今日では**企業の情報系システムからERPなどの基幹系システムまで、重要な社内情報システムの基盤にも採用**され始めています。最近では、企業のシステム更改のタイミングで、クラウドの導入を優先的に検討する**「クラウドファースト」**の考え方も浸透しつつあります。

　ITの利用が遅れているとされる自治体や教育などの公共分野においても、**「自治体クラウド」**や**「教育クラウド」**といった言葉が使われるようになりました。クラウドの採用で公共機関のシステムの共通化を進めることで、システムの効率化によるコスト削減や公共サービスの充実を図るようになっています。

　また最近では、IoTや人工知能、ビッグデータ分析など、市場変化の激しい新しい事業分野において、クラウドサービスを基盤にし、新しいビジネスを展開していく動きが見られるようになっています。

● アクセスする主体は2種類

　これまでは、クラウドサービスの利用といえば、パソコンやスマートフォンなど、人が利用するデバイスを通じてクラウドにアクセスすることが中心でした。しかし今後は、工場や自動車など**さまざまなモノやコトがクラウドにつながる**ようになり、膨大なデータを収集・分析してビジネスに活用する動きが広がっていくでしょう。

プラス1　「クラウドファースト」だけでなく、クラウドサービスを標準で使う「クラウドノーマル」やクラウドしか使わない「クラウドオンリー」という考え方も出てきています。

イメージでつかもう！

● 利用パターンは大きく4種類

クラウドサービスの主な利用パターンとして、「B to C分野」「エンタープライズ分野」「公共分野」「新事業分野」の4種類があります。

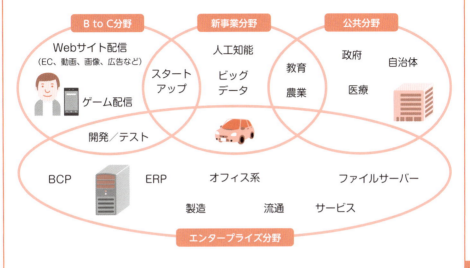

● アクセスする主体は2種類

これまでのクラウドサービスを利用する主体は、人が利用するパソコン、スマートフォン、タブレットなどでした。これからはさまざまなモノやコトがクラウドにアクセスする形が増えていくでしょう。

関連用語　ERP ▶▶▶ p.174　IoT ▶▶▶ p.182　自治体クラウド ▶▶▶ p.178　人工知能 ▶▶▶ p.60
ビッグデータ分析 ▶▶▶ p.180

Chapter 6 クラウドサービスで安定した運用を実現

02 Webサイトにおける クラウド活用

● 急激なアクセス集中に備える

　EC、動画、画像、広告などの**大量のコンテンツを配信するWebサイトの基盤**として、クラウドサービスの採用が進んでいます。これらのWebサイトは、テレビ番組などで紹介されたり、ソーシャルメディアで拡散されたりすると急激にアクセスが集中する場合があり、表示速度の低下やサーバーダウンの恐れがあります。そこで、アクセスが集中してWebサイトに負荷がかかる状況に備えて、**仮想サーバーのリソースを自動的に拡張するオートスケール**や、**ゾーンを分けたサーバーの負荷分散**などの対応を行います。

● CDNの利用

　また、**CDN(Content Delivery Network) サービス**と併用することで、アクセスの負荷を分散するといった対応方法もあります。CDNとは、Webのコンテンツを配信するために最適化されたネットワークです。Webコンテンツを格納しているサーバーとは別のサーバーにコンテンツをキャッシュし、**ユーザーから近い場所にあるサーバーが代行してコンテンツを配信**することで、負荷が分散され、アクセス集中時においてもWebサイトの表示速度を向上することができます。代表的なCDNのサービスとして、CDN事業に特化したアカマイ・テクノロジーズのCDNや、AWSの**Amazon CloudFront**、マイクロソフトの**Azure CDN**などがあります。

● データ転送にかかる費用も考慮する

　動画などの大量のコンテンツを配信する場合は、クラウドサービスのデータ転送料金にも気をつける必要があります。クラウド事業者によって、アップロード／ダウンロードにかかわらずデータ転送を無料にしている場合もあれば、アップロードは無料でダウンロードは有料という場合や、一定のデータ量を超えたら有料という場合もあります。**データ転送料金まで踏まえたうえで事業者を選定**するとよいでしょう。

イメージでつかもう!

● 急激なアクセス集中にも耐えられるWebサイト

ロードバランサーを使った負荷分散や、オートスケールの機能を利用することで、急激なアクセス集中にも耐えることができ、Webサイトの機会損失を防ぎます。

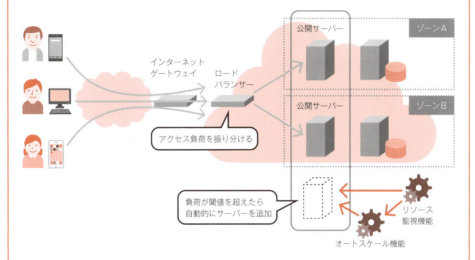

● CDNを利用してアクセス負荷を分散する

クラウド事業者の提供するCDNサービスを利用することで、各地域のユーザーに最寄りの配布ポイントからコンテンツを素早く提供できるとともに、アクセス負荷の分散も実現します。

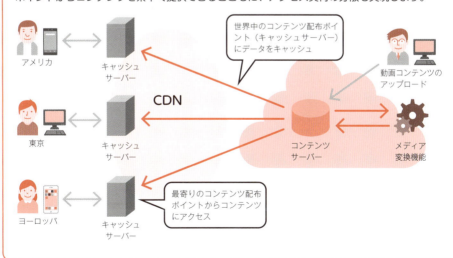

関連用語　オートスケール ▶▶▶ p.48　仮想サーバー ▶▶▶ p.46　ゾーン ▶▶▶ p.48　ロードバランサー ▶▶▶ p.48

Chapter 6 ゲームがヒットするかどうかでリソースを調整

03 ソーシャルゲームにおけるクラウド活用

　ソーシャルゲームなどのゲーム配信は、ゲームの人気によりサーバーへの日々のアクセス数が大きく変動します。そのため、クラウドを活用して柔軟にサーバー台数の増減を管理することが重要になっています。

● 開発段階

　ソーシャルゲームの多くは少人数で開発が行われ、**サービスの開発段階ではサーバーなどのインフラへの投資は最小限に抑える**必要があり、クラウドが有効です。

● 公開後の運用

　ソーシャルゲームは、無料期間と有料期間や、**注目されて話題になる時期とそうでない時期**があります。そのため、利用者数や利用頻度によりサーバーに負荷が大きくかかったときに、スケールアップやスケールアウトなど、柔軟にリソースの拡張や縮小が可能なクラウドサービスを採用するのが有効です。

● ゲームがヒットした場合

　ソーシャルゲームは、**ヒットすれば膨大なアクセスがサーバーに集中し、高速処理が必要となります**。しかし、クラウドサービスの仮想サーバーでは、コンピューティングリソースを共有することから、パフォーマンスが不足する場合があります。ストレージについても多数のユーザーで共有するため、特にデータベースなどで、ハードディスクの読み書きを行うディスクI/Oがボトルネックになるケースもあります。

　そのため、ソーシャルゲームのサービス提供環境を構築するにあたって、自社でプライベートクラウド環境を構築するケースや、**パブリッククラウドでも物理サーバー（ベアメタルサーバー）を利用してパフォーマンスや安定性の高い環境を用意するケース**が増えてきました。

　クラウド事業者では、ソーシャルゲーム向けの課金体系やサービス機能、一定期間の無償提供やパッケージプランの提供などを行っていますので、十分に比較したうえで選択するとよいでしょう。

> **プラス1** ソーシャルゲームは、クラウド事業者にとってリソース変動規模が極端に大きく、ゲームの人気や不人気によって設備の利用率や収益にも大きな影響を及ぼす場合があります。

イメージでつかもう！

● 開発段階から公開段階まで、サーバーの台数やスペックを柔軟に調整

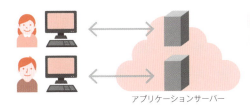

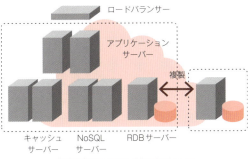

● ゲームがヒットしたときに、性能や安定性の高い環境に切り替えられることも重要

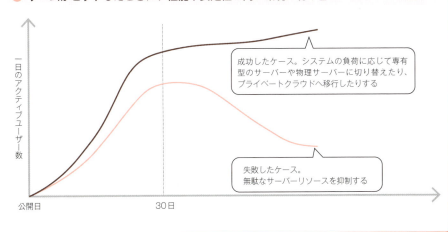

関連用語　ロードバランサー ▶▶▶ p.48　NoSQL ▶▶▶ p.74　RDB ▶▶▶ p.74

Chapter 6　短期間の効率的な開発が可能となる

04 アプリ開発／テスト環境におけるクラウド活用

　クラウドサービスは、アプリケーションの開発や、テスト環境の構築にも活用されています。アプリケーションの開発・実行環境であるPaaSサービスやコンテナサービスが充実してきたこともあり、**開発者自らがサーバーやストレージを用意したり、OSやミドルウェアの設定変更を行ったりなど、開発のための環境を柔軟に調達できる**ようになっています。

　たとえば、iPhoneやAndroidなどのスマートフォン向けのアプリケーション開発を行うにあたって、開発者がローカル開発環境もしくはクラウド上での開発・実行環境を活用し、エンドユーザーにダウンロードサイト（App StoreやGoogle Play）経由で提供する場合を考えてみましょう。開発者は、**クラウドサービスの提供するRubyやJavaなどの開発言語をサポートする機能**や、**データベース、APIによる外部サービス連携などの機能**を利用することで、アプリケーションの開発／テストおよびチームの共同作業を短期間で効率的に行うことができます。また、アプリケーションの公開手前のステージング環境を丸ごと複製し、**リリース前までに複数のメンバーで問題点を検証し解決する**といったアプローチをとることができます。

　開発者は、クラウドサービスを活用することで、開発から公開する手前のステージング環境、実際にサービスを提供する本番環境までを、状況の変化に合わせて柔軟に用意することが可能となります。また、**クラウドサービス上で、開発／テスト／本番環境の提供／運用保守のサイクルが構築できる**ようになり、利用環境に応じて、迅速な仕様変更や市場への投入ができるようになります。

● システム構成・設定自動化ツールの活用

　また、Puppet（パペット）やChef（シェフ）、Ansible（アンシブル）に代表される、**クラウドサービスと連携する運用自動化ツール**も充実してきました。これらのツールを利用して、サーバーやアプリケーションの構成・設定をテンプレート化しておくことで、ユーザー数の増加などに応じて、テンプレートから自動的にシステムを構築し、環境の拡張を図ることができます。構築作業の自動化を進めることで、開発／運用の所要期間を改善でき、開発／テスト／運用のコスト低減が図れます。

● クラウドを利用したアプリケーションの開発／テストの流れ

クラウドサービスを活用することで、開発からアプリケーションを公開する手前のステージング環境、実際にサービスを提供する本番環境までを迅速に用意することが可能となります。

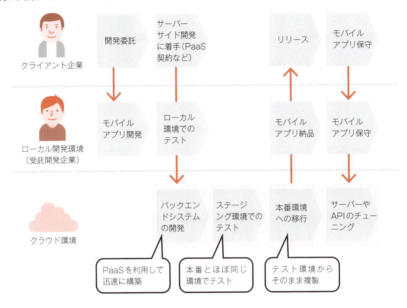

● システム構築・設定自動化ツールを利用し、開発・運用の時間とコストを低減

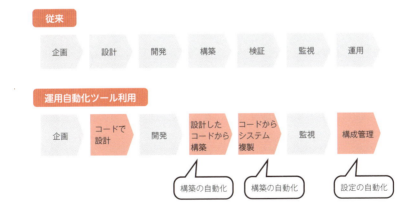

関連用語　API ▶▶▶ p.96　PaaS ▶▶▶ p.22　データベースサービス ▶▶▶ p.54

Chapter 6 クラウドは事業を立ち上げるうえで有効なツール

05 スタートアップ企業における クラウド活用

　スタートアップ企業などの中小企業が新たなサービスを立ち上げて事業を展開するにあたって、以前は**サーバーなどITシステムへの投資が大きな負担**となっていました。そうした企業にとって、ITシステムを保有することなく、必要なときに必要な分だけコンピューティングリソースを使えるクラウドサービスは、事業を立ち上げるうえで非常に有効なツールとなっています。

● 小さく始めて、成長に合わせてコンピューティングリソースを増減

　特にスタートアップ企業においては、新規事業を立ち上げるにあたって、アイデアをすぐに実践に移し、ユーザーからの声を生かして**短期間で仮説の検証とピボット（小さな方向転換）を繰り返し、事業を加速させていく手法**が多くとられています。

　この手法とクラウドは非常に親和性が高いといえます。企業の成長や事業拡大に合わせてコンピューティングリソースを増減することで、より効率的なリソース環境でサービスを開発できます。また、自社のシステムの構築・運用から解放され、自社のコア業務や顧客の利益となる業務に集中することができます。

　まずはスモールスタートでサイトを開設し、コンテンツやサービスがうまくユーザーに受け入れられれば、**アクセス数の増加に合わせて低コストで柔軟にコンピューティングリソースを変動させながら、ビジネスを拡大していく**ことができるのです。

　クラウド事業者の多くは、スタートアップ企業を支援するために開発者向けのコンテストなどを開催し、優秀な開発者に対して、開発支援や投資支援、コワーキングスペースの提供、無料トレーニング、そして一定期間のクラウド環境の無料提供を行うなど、将来の成長が見込まれる顧客に対しての支援も行っています。

　スタートアップを支援する代表的なイベント、コンテストには、**TechCrunch Tokyo、Infinity Ventures Summit、B Dash Camp、Slush Tokyo**などがあり、多くのクラウド事業者がスポンサーとなって、スタートアップ企業を支援しています。政府もスタートアップの支援を積極的に行っており、経済産業省が支援する**J-Startup**などがあります。

イメージでつかもう！

● クラウドならスモールスタートにも急拡大にも対応できる

スタートアップ企業が立ち上げる新規事業は、認知され始める段階と急成長する段階とでは、必要なコンピューティングリソースが大きく違います。クラウドを利用することで、導入期や成長期など、ステージに合わせて無駄なくリソースを調達できます。

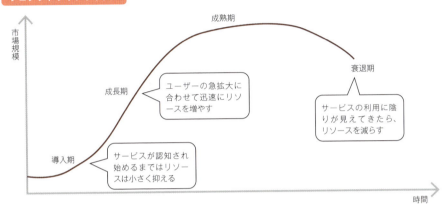

● スタートアップ企業における1つの理想的なIT活用例

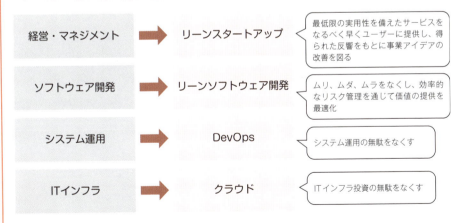

「リーン（lean）」とは、贅肉がとれたスリムな状態を表す言葉です。全体最適を目指して、無駄を減らすことに注力し、絶え間ない改善を進めていくという考え方です。

Chapter 6 災害時でも迅速な業務の復旧を可能にする

06 BCP（事業継続計画）におけるクラウド活用

　BCP（Business Continuity Planning、事業継続計画）とは、自然災害やテロ攻撃などにより**社会機能が停止した場合でも、自社の事業資産の損害を最小限に抑え、事業の継続や事業活動再開を行うための手段・手法を取り決めておくこと**です。ユーザー企業では、BCPの対策においてクラウドサービスの活用が進んでいます。

● クラウドを活用したBCP対策の概要

　クラウドを活用したBCP対策では、オンプレミスもしくはクラウドで運用しているメインサイトの他に、**遠隔地のクラウドサービスにバックアップサイトを用意**します。バックアップサイトには、バックアップデータを自動または手動で保存しておきます。災害などが発生してメインサイトの情報システムがダウンしたりデータが失われたりした場合、バックアップサイトでの業務復旧が可能となります。

　クラウドサービスは、リソースの変更を柔軟に行えるため、バックアップサイトでの利用に適しています。普段は**サーバーやデータベースのスナップショット（ある時点のディスクの状態）だけをバックアップサイトに保存**しておき、稼働させずにおきます。そして、メインサイトがダウンしたときにはスナップショットからサーバーやデータベースを迅速に復元させます。

　日本国内のBCP対策では、東日本の東京と西日本の大阪など、**地理的に離れた場所にデータのバックアップをとる**のが一般的です。最近では、日本で大規模な災害が発生しても海外拠点で業務を継続的に行えるよう、海外にバックアップサイトの環境を用意するケースも増えています。

　BCP対策においては、すべてオンプレミスシステムで運用することも、すべてクラウド化することも、それぞれメリットとリスクがあります。**オンプレミスシステムとクラウドのハイブリッド環境を構築することで、バックアップ体制を整える**という選択も有効でしょう。

　なお、BCP対策で複数拠点を設けることは、データを分散することになり、情報漏えいによるセキュリティリスクの増加にもつながります。拠点間を専用線やVPN網でつなぐなど、セキュリティ対策にも十分配慮する必要があるでしょう。

イメージでつかもう！

● 遠隔地にバックアップサイトを設けることで大規模な災害に備える

仮想サーバーのストレージのバックアップデータを遠隔地のクラウドに保存しておくことで、災害時にも迅速に業務を復旧することが可能になります。

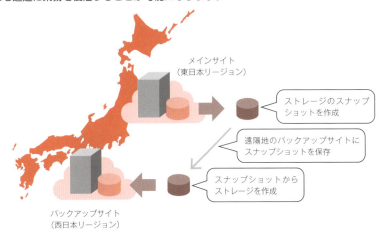

● ハイブリッド環境でバックアップ体制を整える

オンプレミスシステムのバックアップ先としてクラウドを利用することも有効です。

関連用語　VPN ▶▶▶ p.82　オンプレミスシステム ▶▶▶ p.30　海外にバックアップ ▶▶▶ p.176
　　　　　スナップショット ▶▶▶ p.48　専用線接続 ▶▶▶ p.118

Chapter 6 中堅中小企業でも導入が進む

07 ERP（統合基幹業務システム）におけるクラウド活用

　ユーザー企業においては、基幹系システムの基盤にクラウドを採用する動きが進んでいます。そんな中で、**購買から生産、販売、会計などの業務を統合的にパッケージ化した ERP（統合基幹業務システム）**をクラウドサービス上で提供する、**「クラウド ERP」**の導入が進んでいます。

　ERP では、業務ごとの個別最適なシステムではなく、統合データベースによりデータやフローを一元管理することで、リアルタイムな業務の可視化ができるようになります。これまでは、ERP といえば大企業による導入が中心でしたが、クラウド ERP の登場により、中堅中小企業でも導入が進んでいます。

● クラウド ERP の概要

　クラウド ERP は、ERP パッケージの機能をクラウドサービスで提供します。従来のオンプレミスで利用している ERP のような、専用のアプライアンスサーバーを購入する必要はありません。また、過度なカスタマイズは行えない代わりに、**導入期間の大幅短縮と開発・運用効率の向上を実現し、低コストで提供**されています。

　ERP のシステム更改や新規導入にあたっては、クラウドサービス上で ERP の最小の推奨システム構成でシステム開発・検証を行ってから、本番運用に移行するというステップを踏むことができます。

　グローバルに事業を展開している場合は、海外の拠点ごとに ERP のシステムを構築しているケースも多く見受けられます。それを**クラウド ERP に集約することで、グローバルでのシステム統合や、標準化の仕組みを作る**ことができます。たとえば製造業の場合は、サプライチェーンのグローバルレベルでの可視化や、全体最適化による開発スピード向上、生産性向上、業務の効率化などにつながります。また、海外の拠点を迅速に展開できるといったメリットもあるでしょう。

　クラウドサービスで提供される代表的な ERP として、SAP 社の **SAP S/4HANA Cloud** やマイクロソフトの **Dynamics 365**、オラクル社の **Oracle ERP Cloud**、インフォア社の **Infor Cloud Suite** などがあります。

イメージでつかもう！

● クラウドERPは、ERPパッケージの機能をクラウドサービスで提供する

ERPシステムは、業務ごとの個別最適なシステムではなく、各業務のプロセスやデータの整合性をとり、全社的に最適化されたシステムです。ERPにより、業務プロセスのリアルタイムの処理や可視化が可能になります。

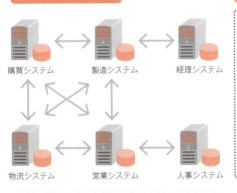

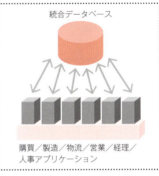

クラウドERPは、ERPシステムをクラウド上で提供するものです。プライベートクラウドに導入するPaaSの形態と、パブリッククラウドで提供するSaaSの形態があります。

● クラウドのメリットを生かしたERPシステム更改・新規導入の例

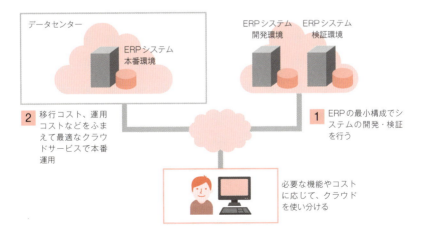

関連用語　システム最適化 ▶▶▶ p.104

Chapter 6 システムの標準化や全体最適化に活用

08 製造業における クラウド活用

　製造業においては、オンプレミスシステムにある**生産・調達管理システム、製品開発システム、人事・財務などのコーポレート系システム**などをクラウドサービスへ移行するケースが増えています。

● 海外への事業展開、BCP対策などで多くのメリットが見込める

　製造業の場合、多くは国内だけでなく、海外にも工場などの生産拠点を構えています。そのため、各国ごとにシステムを構築すると、システムの仕様がバラバラとなり、システム調達やセキュリティへの対応、拠点全体のシステムの構築や運用などに大きな時間とコストがかかります。

　そこで、海外への拠点展開にあたっては、オンプレミスシステムをクラウドサービスに移行するとともに、**新たに拠点展開する場合は最初からクラウドサービスを導入することで、迅速な事業展開と運用コストの削減につなげる**ことができます。

　また、クラウドサービスの利用だけでなく、ネットワークサービスやマネージドサービス、セキュリティサービスなど、クラウドサービスをベースに、**極力グローバルに共通化された仕様でシステムの標準化や全体最適化を進め、事業展開の迅速性を高めていく**ことが必要となるでしょう。

　オンプレミスシステムをすべてクラウドサービスに移行することは、ライセンスの問題やパフォーマンスなどの問題で難しい場合があります。その場合は、オンプレミスシステムやデータセンターとの併用といったケースもあります。また、オンプレミスシステムの更改時に合わせて、数年かけて段階的にクラウドサービスに移行するといったことも必要となるでしょう。

　製造業が、日本の拠点にオンプレミスシステムを構築・運用している場合は、地震などの災害リスクが伴います。そのため、たとえば日本をメインサイトにし、シンガポールなどの海外拠点をバックアップ拠点にすることで、**国をまたいでデータのバックアップ構成をとり、大規模な災害時においても事業継続性を高める**といったケースも増えています。

プラス1　製造工場の生産設備の稼働状況の管理や故障予測などで、IoTとクラウドを活用するケースが増えています。

イメージでつかもう！

● 製造業では、オンプレミスのシステムをクラウドへ移行するケースが増えている

仮想サーバーのストレージのバックアップデータを遠隔地のクラウドに保存しておくことで、災害時にも迅速に業務を復旧することが可能になります。

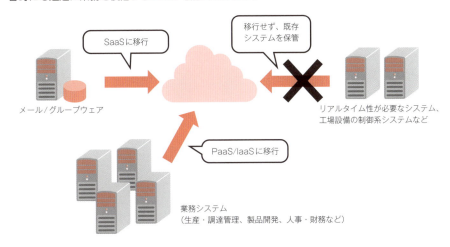

● 海外への事業展開、システム全体の最適化などで多くのメリットが見込める

従来のシステム
・地震などの災害リスクが伴う国内でのオンプレミス運用が中心
・海外拠点は小規模システムに分散
・システム全体のコストの固定費化

クラウドを活用したシステム
・海外拠点をバックアップ拠点として、大規模な災害時でも事業継続
・世界規模でシステム運用の手間を軽減
・海外拠点の整理と相互バックアップ体制
・トータルコストの削減

関連用語　BCPでの活用 ▶▶▶ p.172　オンプレミスシステム ▶▶▶ p.30　グローバルへの展開 ▶▶▶ p.40

Chapter 6 コスト削減や新たな行政サービス提供が期待される

09 自治体クラウド

現在、全国には1,700を超える市町村があります。自治体クラウドは、**全国の市町村の自治体がクラウド技術を電子自治体の基盤構築に導入する**ことで、情報システムの効率的な整備や運用、住民サービスの向上などを図ることを目的としています。

自治体では、財政難が続く中、個別に情報システムを構築・運用することが困難な状況となっています。そこで、**自治体業務の情報システムをクラウドおよびデータセンターへ集約することによって、複数の市町村で共同利用する**ようにします。同時にシステムのオープン化や標準化を進めることで、スケールメリットを生かした地域全体におけるコスト負担の軽減や、効率的な電子自治体の基盤構築の実現、より便利な行政サービスの提供が期待されています。たとえば、**災害時における住民情報の喪失防止や行政機能の迅速な回復、そしてサービスの継続性の確保**など、耐災害性の強化の観点からも活用することができます。また、クラウドに蓄積されたデータを連携させることによって、利便性を向上させた、付加価値のある行政サービスの提供なども可能となります。

● 自治体クラウドからガバメントクラウドへ

現在は、自治体クラウドの取り組みから、ガバメントクラウドの取り組みへと変わってきています。**ガバメントクラウドとは、行政に関わる業務システムの共通化・標準化された基盤や機能を提供する、政府共通のクラウドサービス（IaaS、PaaS、SaaS）の利用環境です。**ガバメントクラウドは民間のクラウドサービス事業者が提供します。

ガバメントクラウドへの移行により、業務効率化とコスト削減を図り、行政サービスの迅速な提供やデータの一元管理が可能となることに加え、セキュリティの向上も期待されています。

各府省や自治体は、システム標準化の対象となる住民基本台帳や税務情報の管理、公共施設の予約システムなど、20の業務システムにおいてガバメントクラウドの活用を積極的に進める方針です。2025年度末までに、原則すべての自治体でガバメントクラウドを導入し、各府省・自治体の共通プラットフォームとした行政の実現を推進していく計画です。

プラス1　ガバメントクラウドの対象サービスはAmazon Web Services、Google Cloud、Microsoft Azure、Oracle Cloud Infrastructure、さくらインターネット（条件付き）です。

イメージでつかもう！

● 自治体クラウドのイメージ

自治体クラウドは、自治体の情報システムをクラウドおよびデータセンターに集約し、複数の市町村で共同利用するものです。コスト削減や新たな行政サービスの提供が期待されています。

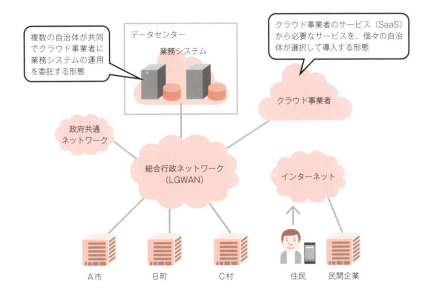

● 総務省の「電子自治体の取組みを加速するための10の指針」

- 指針1　番号制度の導入に併せた自治体クラウドの導入
- 指針2　大規模地方公共団体のシステムオープン化・クラウド化の徹底
- 指針3　都道府県による域内市町村のクラウド加速
- 指針4　クラウド実施体制の適切な選択・人材育成
- 指針5　クラウド化と併せた業務フローの標準化
- 指針6　クラウドベンダーとの最適な調達手法の検討
- 指針7　地方公共団体の保有するデータに関するオープンデータ推進
　　　　　国の実証実験（公共クラウド、G空間など）への積極的な参加
- 指針8　住民満足度が向上するICT利活用の促進
- 指針9　情報セキュリティの強化、災害に強い電子自治体
- 指針10　チェックリストを活用したPDCA機能の強化

関連用語　コミュニティクラウド ▶▶▶ p.26

Chapter 6 膨大なデータを収集し、分析処理する

10 ビッグデータ利用のためのクラウド活用

　「ビッグデータ」と呼ばれる**大量かつ多様なデータを、ビジネスに活用する動き**が広がっています。ビッグデータとは「事業に役立つ知見を導出するためのデータ」と説明されることがありますが、はっきりした定義はありません。ざっくりとした理解として、**一般的なデータベースソフトウェアが処理できる範囲を超えたサイズのデータ**で、サイズとしては数十テラバイトから数ペタバイト程度のデータ量を想像するとよいでしょう。

　ビッグデータの具体例として、SNS や Twitter などのソーシャルメディアのデータや、車や携帯端末の GPS や気温・雨量などのセンサーデータ、オンラインショッピングなどでの検索・購入履歴のログデータなどが挙げられます。

　これらのビッグデータを収集・分析処理して、**異常の検知や近未来の予測、利用者個々のニーズに応じたサービス提供、業務の効率化、新サービスの展開などに生かしていく**ことができます。

　ビッグデータの膨大なデータを収集し、分析処理するためには、ビッグデータのデータ量やデータが生成される時間、リアルタイム性などを踏まえて、クラウドサービスのコンピューティングリソースや、ストレージ、データベース、データ処理ツールやデータ分析ツールなどを利用します。

● ビッグデータの活用事例

　クラウドサービスを利用してビッグデータを活用した代表的な事例としては、回転寿司チェーンの事例が有名です。寿司を載せる皿に IC チップを取り付け、単品管理を行い、レーンで一定の時間が経過した場合は自動的に破棄し、鮮度を保ちます。また、1 分後と 15 分後の需要を予測し、供給指示を出すことで、廃棄ロスを 4 分の 1 まで削減したといいます。

　その回転寿司チェーンでは、大規模なストリーミングデータをリアルタイムで処理する Amazon Kinesis を活用して 1 秒間に最大 6000 件のデータを受信し、さらにデータウェアハウスの Amazon Redshift を活用して、Kinesis が収集したデータの高速でリアルタイムな分析を実現しています。

イメージでつかもう！

● ビッグデータとは

> ICT（情報通信技術）の進展により生成・収集・蓄積などが可能・容易になる多種多量のデータのこと。
> これを活用して異変の察知や近未来の予測などを行うことで、利用者個々のニーズに即したサービスの提供や、業務運営の効率化、新産業の創出などが可能。

ソーシャルメディアデータ
参加者が書き込むプロフィール、コメントなど

マルチメディアデータ
配信サイトから提供される音声、動画など

Webサイトデータ
ECサイトやブログに蓄積される購入履歴やブログエントリーなど

カスタマーデータ
CRMシステムで管理される販促データ、会員カードデータなど

ビッグデータ（big data）

センサーデータ
GPS、ICカードやRFIDなどで検知される位置、乗車履歴、温度、加速度など

オフィスデータ
オフィスで生成される文書データ、電子メールなど

ログデータ
Webサーバーなどのアクセスログ、エラーログなど

オペレーションデータ
業務システムで生成されるPOSデータ、取引明細データなど

● 回転寿司チェーンのビッグデータ活用事例

レーンの情報をリアルタイムで送信し、鮮度管理や需給予測を行うことで、ネタの廃棄削減につなげた事例です。

ICタグ付きのすし皿

管理システム端末に時刻情報などを送る

データ収集 → データ分析 → 分析結果の可視化

ビッグデータ分析システムへデータを送る

Amazon Web Services ▶▶▶ p.130　IoT ▶▶▶ p.182　データウェアハウス ▶▶▶ p.54
データ分析サービス ▶▶▶ p.58

Chapter 6 IoTの仕組みを支えるコンピューティングシステム

11 IoTにおけるクラウド活用

　世の中に存在するあらゆるコトやモノがネットワークを通じて相互に通信する、IoT（Internet of Things）への注目が高まっています。

　IoTでは、コンピューターなどの情報・通信機器だけでなく、**産業機器から自動車、住宅、家電製品、消費財までがネットワークにつながる**ことで、膨大なデータが蓄積されます。これらの蓄積された膨大なデータを分析したり、リアルタイムで処理したりすることで、さまざまなことが可能になります。たとえば、家庭やビルでは電力メーターが電力会社と通信して電力使用量を申告することで消費電力を最適化、自動車では渋滞予測、工場では産業機器の稼働状況の可視化や機器故障の予測や自動制御、個人の場合はウェアラブルデバイスから収集される睡眠や運動などの情報などから健康管理を行うなどが挙げられます。

　代表的なIoTの導入事例として、**工事にかかわる人、建機などをネットワークでつなげ、精度の高い作業の実現や工程効率化による工期の短縮などを実現**したコマツの事例があります。

　IoTの活用により、ビジネスや生活スタイル、そして社会環境までがさまざまな方法で改善（最適化）されるとともに、これまで想像もしなかった新しいビジネスが生まれる可能性が期待されています。

　IoTの仕組みは、大きく分類すると次の4つの要素で構成されています。

- モノ（産業機器、自動車、スマートメーター、ウェアラブルデバイスなど）
- それらを相互接続するネットワーク（インターネット、VPNなど）
- モノが送受信するデータを収集・処理するためのコンピューティングシステム（クラウドサービスなど）
- データを処理するためのアプリケーション（BI：ビジネスインテリジェンスなど）

　クラウドサービスは、モノから送受信される膨大なデータを収集・処理するために欠かせないサービス基盤であり、IoTで提供されるサービスの多くはクラウドサービスを経由して提供されるでしょう。

イメージでつかもう！

● 工場でのIoTの活用イメージ

IoTは、産業機器や自動車、住宅、家電製品など、あらゆるコトやモノがネットワークにつながる、というコンセプトです。コトやモノが収集したデータをネットワークを通じてクラウドに蓄積し、活用することが注目されています。

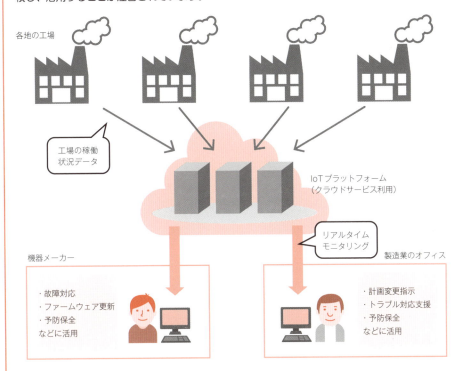

● IoTの4つの構成要素

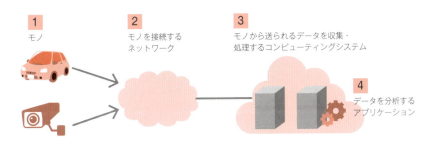

関連用語　IoTサービス ▶▶▶ p.58　VPN ▶▶▶ p.82　エッジコンピューティング ▶▶▶ p.86

Chapter 6 サービス基盤としてクラウドの活用が見込まれる

12 コネクテッドカー／自動運転車でのクラウド活用

　自動車が常時インターネットに接続し無数のセンサーを搭載した**「コネクテッドカー」**や、自動車の一連の運転作業をコンピューターが人間に代わって行う**「自動運転車」**に注目が集まっています。

　コネクテッドカーは、全地球測位システム（GPS）から収集される位置情報や速度情報などのプローブデータ、映像データ、地図データ（ダイナミックマップ）、自動車特有の制御データなど、膨大なデータを収集し、走行プランの提案や安全支援システムの充実に活用しています。

　そして、コネクテッドカーの進化の先に位置付けられるのが自動運転車です。自動運転車は、レーダーやカメラなどが、他のクルマや障害物、信号などを複合的に「認識」して、収集した膨大なデータをAIがクラウドサービスでリアルタイムに分析処理します。状況に応じて適切なクルマの進路を「判断」し、AIの判断をもとにハンドルやアクセルやブレーキなどの装置に命令して「操作」するといった一連の作業を行います。

　自動運転車は、交通事故の削減、交通渋滞の緩和、環境負荷の軽減やドライバーの運転負担の大幅な軽減など、道路交通社会の抱える課題の解決につながることが期待されています。また、自動運転技術を活用したイノベーションを進めることが、移動・物流業界に効率化・革新をもたらし、さらには広範な産業へと波及していくことが期待されています。

● エッジコンピューティングやクラウドで膨大なデータを処理する

　個々の自動車から収集された膨大なデータは、**エッジコンピューティングやクラウドサービスでデータを蓄積し、処理する**必要があります。自動運転車が、市街地などのより複雑な環境での走行を実現していくためには、前述したように「認識」「判断」「操作」などを、自動車に搭載したAIとエッジコンピューティング、クラウドサービスが連携し、処理することが必要となります。

　コネクテッドカーや自動運転車が全国規模で普及するようになれば、クラウドは社会基盤として欠かせない位置付けとなるでしょう。

イメージでつかもう！

● コネクテッドカー／自動運転車のクラウド活用イメージ

クラウドなど（車両外システム）／外部データ／遠隔制御

車両内システム：走行映像データなど、学習結果の反映、プローブデータ、制御データなど、ダイナミックマップの更新、自動位置認識（周辺詳細地図情報を含む）

AI（人工知能）
- 外界認識：歩行者、自転車、車両など
- シーン理解・予測：歩行者、自転車、車両など
- 行動計画

カメラ、レーダーなど → 車両制御

政府では、自動運転レベルについて、レベル3以上の自動運転システムを「高度自動運転システム」、レベル4、5の自動運転システムを「完全自動運転システム」と定義しています。

	レベル	概要	安全運転にかかわる監視・対応主体
運転者が一部またはすべての動的運転タスクを実行	レベル0 自動化なし	運転者がすべての動的運転タスクを実行	運転者
	レベル1 運転支援	システムが縦方向または横方向のいずれかの車両運動制御のサブタスクを限定領域において実行	運転者
	レベル2 部分運転自動化	システムの縦方向および横方向両方の車両運動制御のサブタスクを限定領域において実行	運転者
自動運転システムが（作動時は）すべての動的運転タスクを実行	レベル3 条件付運転自動化	システムがすべての動的運転タスクを限定領域において実行　作動継続が困難な場合は、システムの介入要求等に適切に応答	システム（作動継続が困難な場合は運転者）
	レベル4 高度運転自動化	システムがすべての動的運転タスクおよび作動継続が困難な場合への応答を限定領域において実行	システム
	レベル5 完全運転自動化	システムがすべての動的運転タスクおよび作動継続が困難な場合への応答を無制限に（すなわち、限定領域内ではない）実行	システム

出所：官民ITS構想・ロードマップ2020　自動運転レベルの定義の概要

関連用語　AI／機械学習サービス ▶▶▶ p.60　IoT ▶▶▶ p.182　エッジコンピューティング ▶▶▶ p.86
ビッグデータ ▶▶▶ p.180

COLUMN

政府情報システムの「クラウド・バイ・デフォルト原則」

　政府は2018年6月に、「政府情報システムにおけるクラウドサービスの利用に係る基本方針」を公表しました。本方針では、クラウドサービス利用検討フェーズにかかわる基本的な考え方として、各府省の政府情報システムは、クラウドサービスの利用を第一候補として導入検討を行うという原則「クラウド・バイ・デフォルト原則」を示しています。

　クラウドサービスの利用にかかわる検討は、対象となるサービスや業務、取り扱う情報を明確化したうえで、クラウドサービスの利用メリットを最大化でき、かつ、開発の規模や経費を最小化できるかといった、プロセスで評価検討します。

　評価検討の結果、いずれのクラウドサービスもその利用が著しく困難である場合や、いずれのクラウドサービスも利用メリットがなく、かつ、クラウドサービスによる経費面の優位性も認められない場合のみオンプレミスシステムが選択できるとしています。

　IaaS/PaaS(パブリッククラウド)を利用する政府情報システムとしては、以下のようなものが想定されています。

- ハードウェアのスペックや数量といったリソースの正確な初期見積もり（サイジング）が困難または大きな変動が見込まれる情報システム
- 24時間365日のサービス提供や災害対策が特に必要な情報システム
- インターネットを介して国民や法人に直接サービス（APIを含む）を提供する情報システム
- 最新技術を含め、パブリッククラウドの提供する技術・機能・サービス（運用管理、マイクロサービス、分析機能、AIなど）の採用が基本となる情報システム

　政府は2021年9月1日に、デジタル庁を発足しました。デジタル庁では、国・地方行政のデジタル化を担い、全国規模のクラウド移行に向けて情報システムの統一・標準化に関する企画と総合調整を実行します。

付録 クラウド関連事業者・団体情報

● 主要クラウド事業者　URL 一覧

各クラウド事業者の主要サービスの URL です。

Amazon Web Services (AWS)	https://aws.amazon.com/jp/
Microsoft Azure	https://azure.microsoft.com/ja-jp/
Google Cloud Platform (GCP)	https://cloud.google.com/
Alibaba Cloud	https://jp.alibabacloud.com/
IBM Cloud	https://www.ibm.com/jp-ja/cloud/
NTT コミュニケーションズ Smart Data Platform クラウド / サーバー	https://sdpf.ntt.com/
KDDI クラウドプラットフォームサービス（KCPS）	http://iaas.cloud-platform.kddi.ne.jp/
ソフトバンク ホワイトクラウド ASPIRE	https://www.softbank.jp/biz/cloud/iaas/aspire/
FUJITSU Hybrid IT Service FJcloud	https://jp.fujitsu.com/solutions/cloud/fjcloud/
NEC Cloud IaaS	https://jpn.nec.com/cloud/service/platform_service/iaas.html
IIJ GIO インフラストラクチャー P2	https://www.iij.ad.jp/biz/p2/
IDC フロンティア IDCF クラウド	https://www.idcf.jp/cloud/
さくらインターネット さくらのクラウド	https://cloud.sakura.ad.jp/
GMO クラウド ALTUS	https://www.gmocloud.com/
BIGLOBE クラウドホスティング	https://business.biglobe.ne.jp/hosting/

● 日本における主なクラウド関連の団体、コミュニティ

● 団体

団体	説明
一般社団法人日本クラウド産業協会（ASPIC） URL https://www.aspicjapan.org/	ASP・SaaS・クラウド・データセンター事業およびIoT、AIサービスの事業の発展と支援を目的として事業を行っている特定非営利活動法人。クラウド研究会の展開、ASP・SaaS・クラウド普及促進協議会およびASP・SaaSデータセンター促進協議会の推進、クラウドサービス情報開示認定制度の推進など、会員のビジネス支援を行う。
ニッポンクラウドワーキンググループ（NCWC） URL http://ncwg.jp/	ニュートラルな立ち位置から日本のクラウドビジネスの促進を目指して活動。サムライクラウド部会、クラウドアプリケーション部会、クラウドビジネス推進部会、クラウドサービス部会などから構成。アカデミックな立場で本グループをサポートする団体または個人を対象に「サムライクラウドサポーター制度」も設置。
日本インターネットプロバイダー協会 クラウド部会（JAIPA） URL https://www.jaipa.or.jp/active/cloud/	インターネットプロバイダー事業の健全な発展を確保し、高度情報通信ネットワーク社会の実現に寄与することを目的として設立された一般社団法人。本団体に「クラウド」を中心に運用面、技術面などを含めた検討を行うクラウド部会を設置し活動。
日本クラウドセキュリティアライアンス（CSAジャパン） URL https://cloudsecurityalliance.jp/site/	CSAは国際的に活動を展開している非営利法人で、日本におけるクラウドコンピューティングのセキュリティを実現するために、ベストプラクティスを広め推奨。クラウドのユーザーに対しては、クラウドの利用に際してのセキュリティの確保に向けての啓発教育を提供。
クラウドサービス推進機構（CSPA） URL http://www.smb-cloud.org/	中小企業に効果的なクラウドサービスベンダーと中小企業支援機関団体などと有機的に連携し、中小企業の経営改善や経営改革に効果的な実際のクラウドサービスを多角的に認定し推奨を行い、クラウドサービスのビジネス活用を推進。

● コミュニティ

コミュニティ	説明
AWS User Group (JAWS-UG) URL https://jaws-ug.jp/	AWSのユーザーを中心とした運営によるコミュニティ。北海道から沖縄まで全国に展開。
Japan Azure User Group (JAZUG) URL http://r.jazug.jp/	Microsoft Azureのユーザーを中心とした運営によるコミュニティ。
Google Cloud Platform User Gropu (GCPUG) URL https://gcpug.jp/	Google Cloud Platformのユーザーを中心とした運営によるコミュニティ。
BMXUG (IBM Cloud Users Group) URL http://jslug.jp/	IBM Cloudのユーザーを中心とした運営によるコミュニティ。
Japan OpenStack User Group (JOSUG) URL https://openstack.jp/	OpenStackのユーザーを中心とした運営によるコミュニティ。日本OpenStackユーザ会。

INDEX

A

AIサービス	60
Alibaba Cloud	136
Amazon Aurora	54
Amazon DynamoDB	54
Amazon EBS	50
Amazon EC2	24, 78, 130
Amazon EFS	50
Amazon RDS	54, 130
Amazon Redshift	54, 180
Amazon Route 53	52
Amazon S3	50, 78, 130
Amazon S3 Glacier	50
Amazon VPC	52
Amazon Web Services	130
Ansible	168
Apache Hadoop	72
Apache Spark	72
API	94, 96
APIゲートウェイ	96

B〜D

B Dash Camp	170
BCP	172, 176
BIGLOBEクラウドホスティング	158
BigQuery	134
BYOL	54, 116
CDN	164
CDO	100
CentOS	46
Chef	168
CI	112
CIFS	76
Cloud Foundry	22, 80
CPU	90
CRM	20
Design for Failure	62
DevOps	124
DNSサービス	52
Docker	70
Dynamics 365	132, 174

E〜I

ERP	24, 174
FaaS	94
Flexera Cloud Management Platform	122
FUJITSU Hybrid IT Service	146
GDPR	34
GMOクラウド	156
Google Cloud Platform	134
Google Workspace	20
GPGPU	90
GPU	90
Hinemos	122
Hyper-V	68, 132
IaaS	24, 78
IBM Cloud	138
IDCFクラウド	152
ID連携サービス	120
IIJ GIOインフラストラクチャー P2	150
Infinity Ventures Summit	170
Infor Cloud Suite	174
IoT	22, 182
IoTサービス	58
IPsec	52, 82
ITIL	109

J〜N

J-Startup	170
KDDI クラウドプラットフォームサービス	142
kintone	22
Kubernetes	70, 80
KVM	68
Microsoft Azure	132
Microsoft Cognitive Services	132
Microsoft Windows Server	46
NAS	76
NEC Cloud IaaS	148
NFS	76
NFV	82
NIST	16
NoSQL	54, 74

INDEX

O～R

Office 365	20, 132
OpenShift	22, 80
OpenStack	78
Oracle ERP Cloud	174
P2V	68
PaaS	22, 80
PaaS基盤ソフトウェア	80
PUE	92
Puppet	168
RDB	74
RDBMS	54, 74
Red Hat	138
REST	76, 78

S～U

SaaS	20
SAP S/4HANA Cloud	174
SDN	84
SD-WAN	84
SLA	18
Slush Tokyo	170
Smart Data Platform クラウド/サーバー	140
SMB	76
SoE	106
SoR	106
TechCrunch Tokyo	170
TensorFlow	134
Ubuntu Linux	46, 78

V～X

V2V	68
VLAN	82
VMware	56
VMware vRealize Suite	122
VMware vSphere	68
VPN網	44, 52, 82
Watson	138
Webサイト	164
Windows Server	132
Xen	68

あ行

アーカイブ	50
アウトソーシング	40
アジャイル開発	124
インシデント	34
インターネットVPN	52
インターネットイニシアティブ	150
運用自動化ツール	62, 168
エッジコンピューティング	86, 184
オートスケール	48, 164
オブジェクトストレージ	50, 76
オンプレミス	18, 30, 32, 102, 116
～の現状調査	114
オンプレミスプライベートクラウド	28

か行

仮想CPU	46
仮想VPNゲートウェイ	52
仮想化技術	66
仮想サーバー	44, 46
可用性	18
カラム指向型	74
キーバリュー型	74
機械学習	90
機械学習サービス	60
クラウド	
～移行計画策定	114
～導入のロードマップ	104
～に関する第三者認証	111
～の効果の検討	114
～の障害	42
～の利用パターン	162
～への移行	102, 114
クラウド・バイ・デフォルト原則	186
クラウドERP	56, 174
クラウドインテグレーター	112
クラウド管理プラットフォーム	64, 118, 122
クラウド基盤ソフトウェア	28, 78, 120
クラウドコンピューティング	12
～の定義	16
クラウド事業者の選定	110
クラウドソリューション	160
クラウドデザインパターン	62

クラウドネイティブアプリケーション……108
クラウドファースト……………………116, 162
クラウドマネジメントプラットフォーム
　……………………………………122, 140
クラウドロックイン………………………129
クラスタリング……………………………72
グラフ型……………………………………74
コアコンピタンス……………………38, 40
コーポレートガバナンス…………………40
コネクテッドカー………………………184
コミュニティクラウド……………………26
コンテナ…………………………66, 68, 70
コンバージドインフラ……………………88

さ行

サーバー仮想化技術………………………68
サーバレスアーキテクチャー……………94
さくらのクラウド………………………154
事業継続計画……………………………172
自治体クラウド…………………………178
自動運転車………………………………184
シャドー IT………………………100, 122
シングルサインオン……………………120
人工知能……………………………………60
スーパーコンピューティング基盤………90
スケールアップ……………………………16
スケールメリット…………………………14
スタートアップ企業……………………170
ストレージ技術……………………………76
ストレージサービス…………………44, 50
スナップショット………………………172
製造業……………………………………176
政府情報システム………………………186
責任分界点…………………………………36
セキュリティインシデント………………36
セキュリティガバナンス…………………34
セルフサービス……………………16, 110
専用線………………………………44, 118
ソーシャルゲーム………………………166
ゾーン………………………………………48
ソフトウェアライセンス………………102

た～な行

単一障害点…………………………………62
ディープラーニング………………………90
定期スナップショット……………………48
データウェアハウス………………………54
データセンター……………………………92
データ分析サービス………………………58
データベース技術……………………66, 74
データベースサービス………………44, 54
デジタルトランスフォーメーション……126
ドキュメント指向型………………………74
トラディショナルアプリケーション……108
ニフクラ…………………………………146
ネットワーク仮想化技術…………………82
ネットワークサービス………………44, 52

は行

バーチャルプライベートクラウド………26
ハイパーコンバージドインフラ…………88
ハイパースケールクラウド事業者……128
ハイパーバイザー…………………………68
ハイブリッドクラウド……26, 118, 120, 122
バックアップ……………48, 50, 120, 172
パブリッククラウド………………………26
ビッグデータ……………………………180
ファイルストレージ…………………50, 76
物理サーバー………………………46, 108
プライベートクラウド……………………26
フルマネージド……………………………94
ブロックストレージ…………………50, 76
分散処理技術…………………………66, 72
ベアメタルサーバー…………46, 108, 166
ホステッドプライベートクラウド………28
ホスト OS…………………………………68
ホワイトクラウド ASPIRE……………144

ま～ら行

マイクロサービスアーキテクチャー……94
マイクロソフト…………………………132
リージョン…………………………………48
リフト＆シフト……………………………56
ルートディスク……………………………46
ロードバランサー……………44, 48, 164

■ **本書のサポートページ**
https://isbn.sbcr.jp/99998/

本書をお読みいただいたご感想を上記URLからお寄せください。
本書に関するサポート情報やお問い合わせ受付フォームも掲載しておりますので、あわせてご利用ください。

イラスト図解式
この一冊で全部わかるクラウドの基本 第2版

2016年　8月31日　　初版発行
2019年　4月26日　　第2版1刷発行
2024年　7月 8日　　第2版11刷発行

著　者 ················· 林 雅之
発行者 ················· 出井 貴完
発行所 ················· SBクリエイティブ株式会社
　　　　　　　　　　〒105-0001 東京都港区虎ノ門2-2-1
　　　　　　　　　　https://www.sbcr.jp/
印　刷 ················· 株式会社シナノ

カバーデザイン ········ 米倉 英弘（株式会社 細山田デザイン事務所）
イラスト ··············· ふかざわ あゆみ
制　作 ················· 株式会社リブロワークス

落丁本、乱丁本は小社営業部にてお取り替えいたします。
定価はカバーに記載されております。

Printed in Japan　ISBN978-4-7973-9999-8